基于公共服务的科技资源开放共享机制理论及实证研究

赫运涛 吕先志 著

·北京·

图书在版编目（CIP）数据

基于公共服务的科技资源开放共享机制理论及实证研究 / 赫运涛，吕先志著. —北京：科学技术文献出版社，2017.10
ISBN 978-7-5189-3439-3

Ⅰ.①基… Ⅱ.①赫… ②吕… Ⅲ.①科学技术—资源共享—研究报告—中国 Ⅳ.① G322

中国版本图书馆 CIP 数据核字（2017）第 249826 号

基于公共服务的科技资源开放共享机制理论及实证研究

策划编辑：周国臻　　责任编辑：李　晴　　责任校对：张吲哚　　责任出版：张志平

出　版　者	科学技术文献出版社
地　　　址	北京市复兴路15号　邮编 100038
编　务　部	（010）58882938，58882087（传真）
发　行　部	（010）58882868，58882874（传真）
邮　购　部	（010）58882873
官 方 网 址	www.stdp.com.cn
发　行　者	科学技术文献出版社发行　全国各地新华书店经销
印　刷　者	北京教图印刷有限公司
版　　　次	2017年10月第1版　2017年10月第1次印刷
开　　　本	787×1092　1/16
字　　　数	135千
印　　　张	8.75
书　　　号	ISBN 978-7-5189-3439-3
定　　　价	48.00元

版权所有　违法必究

购买本社图书，凡字迹不清、缺页、倒页、脱页者，本社发行部负责调换

前　言

科研设施与仪器、科学数据与信息、生物种质与实验材料等科技基础条件资源是科技创新的物质基础，也是科技创新能力的重要体现。新世纪以来，随着科教兴国战略和创新驱动发展战略等的实施，我国科技投入逐年加大，科技基础条件资源持续累积，为创新型国家建设奠定了良好的基础，我国已成为科技基础条件资源的大国。然而，长期以来，我国科技基础条件资源存在着管理条块分割、使用效率低下、重复浪费等问题，影响了科技资源使用效益的充分发挥。在向创新型强国迈进的征程中，如何推进科技资源的开放共享，进一步提升科技资源的使用效益和支撑保障能力，就成为科技管理部门所必须解决的问题。

科技资源共享的目的是实现科技资源使用社会效益的最大化，涉及各类资源的投资建设者、拥有者、服务者和使用者及其之间相互利益的调整。因此，推进科技资源共享工作是一项复杂的系统工程，实施难度很大，单靠市场的力量难以完成，需要政府的积极参与并在政策制定、环境营造及加强监管等方面发挥主导作用。各级政府必然是科技资源共享工作的推动者、实施者和受益者。科技资源共享是一项需要全社会参与、多方受益的工作，许多科技资源本身就具有公共产品属性。因此，政府推进科技资源共享需要重点加强科技资源公共服务体系建设，提供相关的公共服务和公共产品。

党的十八大以来，我国正处于加快完善社会主义市场经济体制的新阶段，政府进一步简政放权，强化公共服务职能，加快建设服务型政府。《中共中央、国务院关于深化科技体制改革加快国家创新体系建设的意见》（中发〔2012〕6号）、《国务院办公厅关于强化企业技术创新主体地位全面提升企业创新能力的意见》（国办发〔2013〕8号）中明确提出，要推进科技资源共享，通过政府购买服务等方式，进一步提升面向企业及全社会的科技公共服务能力。

基于公共服务的科技资源开放共享机制理论及实证研究

基于此,本书以公共服务的视角,系统分析推进科技资源开放共享的相关主体、公共服务内容、服务类型、服务流程、机制与模式;研究通过政府购买公共服务等模式,推进科技资源开放共享的理论基础及可行性;结合国内外在推进科技资源共享、提供公共科技服务方面的实践经验,开展实证研究分析,并提出相关政策建议。力图从公共服务这样一个新的维度,去解构资源共享的难题,在加强科技资源共享理论研究的同时,进一步支撑国家科技基础条件平台的建设实践。

本书在研究编写过程中得到了国家自然科学基金委员会委主任基金的资助(项目批准号:M1321008)。项目研究团队主要来自于国家科技基础条件平台中心。国家科技基础条件平台中心是科技部直属事业单位,致力于推动科技基础条件资源的优化配置和开放共享。

本书在编写过程中,得到了时任国家科技基础条件平台中心戴国强主任、吕先志副主任和苏靖副主任的大力指导;平台中心陈志辉副研究员、黄珍东副研究员、华夏副研究员及北京航空航天大学刘瑞教授参与了课题研究并承担了报告修改完善等工作。此外,清华大学岳素芳、刘烨博士在研究过程中承担了大量的具体工作,在此一并表示感谢!

赫运涛
2017 年 3 月

目 录

1 公共产品视角下的科技资源分析 ... 1
1.1 公共产品 ... 1
1.1.1 公共产品的概念 ... 1
1.1.2 公共产品的特征 ... 2
1.1.3 公共产品、准公共产品与私人产品的对比 ... 3
1.1.4 公共产品的供给 ... 5
1.2 科技资源 ... 6
1.2.1 科技资源的内涵 ... 6
1.2.2 科技资源的分类 ... 8
1.3 科技资源的公共产品属性分析 ... 14
1.3.1 不同本体构成科技资源的属性分析 ... 14
1.3.2 不同产权归属的科技资源属性分析 ... 17
1.3.3 综合分析 ... 17

2 科技资源共享的内涵、主体和机制分析 ... 20
2.1 科技资源共享的概念 ... 20
2.2 科技资源共享的要素和主体 ... 22
2.2.1 科技资源共享的要素 ... 22
2.2.2 科技资源共享的主体分析 ... 24
2.3 科技资源共享的内在动力 ... 26
2.3.1 科技资源共享主体的需求 ... 26
2.3.2 科技资源自身的特性 ... 27
2.3.3 环境因素的改变 ... 29

基于公共服务的科技资源开放共享机制理论及实证研究

2.4 科技资源共享的成本与收益 ·· 30
  2.4.1 科技资源共享中的成本分析 ·· 31
  2.4.2 科技资源共享的收益来源 ·· 33
2.5 促进科技资源共享的有效机制 ·· 34
  2.5.1 科技资源共享机制的理论探索 ···································· 34
  2.5.2 促进科技资源共享的主要机制 ···································· 35

3 科技资源共享中的公共服务研究 ·· 39
3.1 公共服务与科技公共服务 ·· 39
  3.1.1 公共服务 ·· 39
  3.1.2 科技公共服务 ·· 41
  3.1.3 公共服务供给 ·· 42
3.2 政府在建立完善科技资源共享机制中的作用和公共服务 ······ 51
  3.2.1 政府在科技资源共享中的地位分析 ···························· 51
  3.2.2 政府推进科技资源共享的主要任务 ···························· 52
  3.2.3 推进科技资源共享中政府应提供的公共服务 ············ 55
  3.2.4 科技资源共享中政府公共服务的供给方式 ················ 57
  3.2.5 政府购买公共服务推进科技资源共享的研究分析 ···· 60
3.3 第三方机构在科技资源共享公共服务中的作用分析 ············ 67
  3.3.1 第三方机构的概念及参与公共服务的必要性分析 ···· 67
  3.3.2 科技资源共享中政府失灵和市场失灵 ························ 68
  3.3.3 科技资源共享中的第三方 ·· 69
  3.3.4 第三方机构在科技资源共享公共服务中的作用分析 ···· 70

4 国内外开展公共服务推进科技资源共享的实践分析 ················ 72
4.1 国外在推进资源共享的主要做法 ·· 72
  4.1.1 注重科技资源共享的政策法规建设 ···························· 72
  4.1.2 注重网络信息技术和信息化手段推进科技资源共享 ···· 73
  4.1.3 注重多方协同推进科技资源共享 ································ 74

4.1.4　注重科技资源共享中的价格政策和成本回收机制 …………… 75
4.2　我国国家层面在推进资源共享的主要做法 ……………………………… 79
　　4.2.1　构建科技基础条件平台，整合聚集优质资源 ………………… 79
　　4.2.2　组织国家科技基础条件平台，面向需求开展专题服务 ……… 82
　　4.2.3　发挥科技平台门户的龙头作用，以信息共享促进科技
　　　　　资源共享 ……………………………………………………… 82
4.3　我国地方层面在推进资源共享的主要做法 ……………………………… 87
　　4.3.1　首都科技条件平台的建设与运行 ……………………………… 88
　　4.3.2　上海研发公共服务平台的建设与运行 ………………………… 97
　　4.3.3　浙江科技创新服务平台的建设与运行 ………………………… 104

5　我国科技资源共享存在的问题与政策建议 …………………………… 117
5.1　我国科技资源共享存在的主要问题 ……………………………………… 117
　　5.1.1　科技资源共享总体上缺乏法律法规和政策环境保障 ………… 117
　　5.1.2　科技资源配置未能与创新需求有效衔接 ……………………… 118
　　5.1.3　各类科技资源载体缺乏有效的统筹 …………………………… 118
　　5.1.4　科技资源开放共享管理机制尚不完善 ………………………… 119
5.2　我国促进科技资源共享的政策制度分析 ………………………………… 119
　　5.2.1　国家及地方已出台的法律法规、政策制度和规范性文件 …… 119
　　5.2.2　国家科技计划管理办法中资源汇交和开放共享的具体规定 … 123
　　5.2.3　建立了基于绩效考核的平台运行服务后补助制度 …………… 125
　　5.2.4　现有的政策制度分析 …………………………………………… 126
5.3　通过强化公共服务进一步推进科技资源共享的措施建议 ……………… 128

参考文献 ……………………………………………………………………… 130

1 公共产品视角下的科技资源分析

科技资源是科技资源共享的主体。公共服务简单地讲就是提供公共产品的过程。科技资源和公共服务的概念和辨析是进一步探究科技资源共享及其中公共服务的基础。本章重点分析公共产品和科技资源的概念,并从公共产品的视角对各类科技资源进行分析。

1.1 公共产品

1.1.1 公共产品的概念

公共产品,理论上也称为公共物品或公共品,是财政理论中的基础性概念。公共产品理论是分析公共职能最有效的工具。

在公共产品理论的发展史上,"公共产品"这一概念首先是由瑞典经济学家埃里克·R. 林达尔(Erik Robert Lindahl, 1919)在其博士论文《公平的赋税》一文中正式提出的。而最直接和最有意义的贡献则来自于现代福利经济学代表人物之一的 P. 萨缪尔森。他于 1954 年在《公共支出的纯粹理论》中从产品的消费特性归纳出公共产品的两个本质特性:一是非排他性;二是非竞争性。这个归纳成为公共物品的经典定义。由于在现实中还存在许多"萨缪尔森归纳"不能完全包容的一部分特殊性公共消费的情况,后来公共选择学派的代表人物布坎南又对其做了重要修补。他在 1965 年发表的《俱乐部的经济理论》中首次提出了准公共产品(又叫非纯粹公共物品或混合公共产品)的理论,这类公共物品或者只具有非排他性,或者只具有非竞争性,即不能同时满足萨缪尔森所提出的两个条件。

还有一些学者,从产品的供给渠道对公共产品进行定义。例如,马莫洛认为，物品的供给方式同时决定了物品的"公共性"，公共产品对应于政府供给，私人物品则对应于市场供给。在马莫洛看来，只有物品的"公共供给"和"私人供给"之分，而无所谓"公共产品"和"私人物品"的区分。按照马莫洛的分析逻辑，公共产品被定义为由政府供给的一切物品，与物品的属性无关。休·史卓顿认为，公共产品是指那些供给不是由个人的市场需求而是由集体的政治选择决定的物品，即任何由政府决定免费或以低费用供给其使用者的物品和服务，都可以看作是公共产品。

目前，国内的一些学者也从不同角度对公共产品进行了相关的界定。仲伟俊等认为公共产品是满足社会公共需求的产品。社会公共需求指的是社会作为一个整体或者以整个社会为单位提出的需求。同时，公共产品具有5个特征：一是效用具有不可分割性，二是消费具有非竞争性，三是受益具有非排他性，四是部分准公共产品具有拥挤性，五是准公共产品具有价格排他性。杨晓燕认为公共产品是指商品的效用扩展于他人的成本为零，无法排除他人共享的商品，一般包括公共设施、科学教育、环境保护、国防、外交等领域。陈聪认为公共产品是指那些可供全体居民消费（享有）或受益，但不需要或不能够让这些居民（受益者）按市场方式分担其费用或成本的产品。

综上所述，本书认为，公共产品是满足社会公共需求的产品。典型的公共产品具备3个本质特征：一是能满足公共需要，二是消费具有非竞争性，三是受益具有非排他性。

1.1.2 公共产品的特征

一是能满足公共需要。简单的理解就是满足公众的需求，细究起来会发现一些深层次的问题。首先，"公共"是个相对概念，对于一个国家而言，全体公民可以称之为"公共"，但相较于全球，一国的"公共"就成了部分群体。其次，有一些需要是显性的，如国防安全等；有一些是隐性的，即表面上看，可能与公众没有直接关联，如战略种质资源的保藏。最后，符合公共需要的必然是相对宏观的需求，因为越具体就越个性化，也不宜和"公共需求"相匹配。因此，符合公共需求特征的公共产品，更多趋向于某种环境和能力的营造，而不是具体的某种技术和物品。如国防、社保、教育、医疗等，具体到某种药物、某种技能培训很难讲是否是公共产品。

二是消费具有非竞争性。即一部分人对某一产品的消费不会影响另一部分人对该产品的消费，一些人从这一产品中受益不会影响其他人从这一产品中受益，受益对象之间不存在利益冲突。例如，国防保护了所有公民，其费用及每一位公民从中获得的好处不会因为多生一个小孩或多一个人出国而发生变化。消费的非竞争性包括两层含义：一是在技术上不可能将不付费的消费者排除在外；二是即使在技术上有可能，但在经济上代价高昂，从而使排除方法成为"不经济"的，或者说在经济上是不合理的。

三是受益具有非排他性。是指产品在消费过程中所产生的利益不能为某个人或某些人所专有，要将一些人排除在消费过程之外，不让他们享受这一产品的利益是不可能的。例如，消除空气中的污染是一项能为人们带来好处的服务，它使所有人能够生活在新鲜的空气中，不让某些人享受到新鲜空气的好处是不可能的。

1.1.3 公共产品、准公共产品与私人产品的对比

（1）纯公共产品

纯公共产品，是指同时具备非竞争性和非排他性的产品。纯公共产品具有非分割性，它的消费是在保持其完整性的前提下，由众多的消费者共同享用的。如交通警察给人们带来的安全利益是不可分割的。可见，具有非竞争性、非排他性而且不能分割的纯公共产品具有公共消费的性质，即在消费这类产品时，消费者只能共享，消费者也可以不受影响地共享，而不能排斥任何人享用。有形的纯公共产品相对较少，通常被认为是纯公共产品的，包括国防、外交、立法、司法等多是各类的保障环境，政策类和信息网络类的公共产品多为纯公共产品。

（2）准公共产品

准公共产品，亦称为"混合产品"。这类产品通常只具备上述两个特性中的一个，而另一个则表现为不充分。

一类是具有非排他性和不充分的非竞争性的公共产品。例如，教育产品就属于这一类。教育产品是具有非排他性的。因为对于处于同一教室的学生来说，

甲在接受教育的同时，并不会排斥乙听课。也就是说，甲在消费教育产品时并不排斥乙的消费，也不排斥乙获得利益。但是，教育产品在非竞争性上表现不充分。因为在一个班级内，随着学生人数的增加，校方需要的课桌、椅也相应增加；随学生人数增加，老师批改作业和课外辅导的负担加重、成本增加，故增加边际人数的教育成本并不为零。若学校的在校生超过某一限度，学校还必须进一步增加班级数和教师编制，成本会进一步增加，因而具有一定程度的消费竞争性。由于这类产品具有一定程度的消费竞争性，因而称为准公共产品。

另一类是具有非竞争性特征，但非排他性不充分的准公共产品。例如，公共道路和公共桥梁就属于这种类型。受特定的路面宽度限制，甲车在使用道路的特定路段时，就会排斥其他车辆同时占有这一路段，否则会产生拥挤现象。因此，公路的非排他性是不充分的。但是，公共道路又具有非竞争性。它表现为：一是公共道路的车辆通过速度并不决定某人的出价，一旦发生堵塞，无出价高低，都会被堵塞在那里；二是当道路未达到设计的车流量时，增加一定量的车的行驶的道路边际成本为零，但若达到或超过设计能力，变得非常拥挤时，需要成倍投入资金拓宽，它无法以单辆汽车来计算边际成本。正因为这类公共产品具有非竞争性和不充分的非排他性，因此，也称为准公共产品。

准公共产品的范围较宽。如教育、文化、广播、电视、医院、应用科学研究、体育、公路、农林技术推广等事业单位，其向社会提供的属于准公共产品。此外，实行企业核算的自来水、供电、邮政、市政建设、铁路、港口、码头、城市公共交通等，也属于准公共产品的范围。

(3) 私人产品

私人产品可以分成两类，即纯私人产品和俱乐部产品。纯私人产品是指那些同时具备排他性和竞争性特征的产品，包括大多数私人产品。此外，还有一类称为"俱乐部产品"。这是指在某一范围内由个人出资，并在此范围内的所有个人都可以获得利益的产品，如消费合作社等。在相关研究中，也有将"俱乐部产品"归入准公共产品的，本书以为，是归入私人产品还是准公共产品是由共享的范围决定的。

在现实中，同时具备非竞争性和非排他性的纯公共产品不多见，更为普遍的是介于私人产品与公共产品之间的混合性产品。即具有非竞争性但又具有排他性的公共产品。某种产品属于纯公共产品、准公共产品还是私人产品并不是一成不变的，在不同的经济区域、不同的经济背景、不同的技术条件下，甚至在不同的人文环境下，社会产品的公共性会发生变化。

1.1.4 公共产品的供给

研究公共产品的供给需要有一个基本假设为前提，即"公共产品涉及的相关主体都要追求自身利益的最大化"。对于政府而言，就要追求社会利益的最大化，对于个体和组织而言，就要以追求自身利益最大化为前提。我们称之为"唯利假设"。

同时，还要辨析两个概念，就是公共产品的"提供者"和"生产者"。公共产品的提供者是公共产品真正的供给主体，本书认为可以这样定义公共产品的"提供者"，即"在提交或服务公众时，公共产品所有权的拥有者"；而公共产品的"生产者"只是公共产品从无到有的加工制造者。

基于以上假设，按照公共经济学的观点，各类产品的供给和生产主体，如表1.1所示。

表1.1 各类产品的供给主体

产品	私人产品	准公共产品	纯公共产品
提供主体	私人	政府＼私人	政府
生产主体	私人	政府＼私人	政府＼私人

纯公共产品由于具有规模大、成本高、收益难以有保障等特点，在"唯利假设"下，其提供者只能是政府。因为，私人作为提供者难以收回提供公共产品所需的成本；而政府不注重短期的经济利益，追求长期的社会效益，因此，是纯公共产品唯一的提供者。政府提供公共产品有两个基本条件：一是公共产品是公众需求且是有益的；二是在市场条件下公共产品无法获取或者生产成本过高。在"唯利假设"被打破的前提下，纯公共产品的提供者在一些特殊情况下也可以是个人，但这是极个别的现象。例如，个人自愿无条件向社会共享其拥有的信息资源。尽管私人不是纯公共产品的提供主体，但是并不意味着私人在纯公共产品供给中不能发挥作用。私人是纯公共产品重要的生产者，例如，科技政策的制定，政府可以委托个人或科技咨询机构开展政策文件的研究和草拟。

相比较而言，准公共产品的规模和服务范围相对较小，涉及的用户对象数量相对有限，这就容易使用户根据一致性原则订立契约，自主地通过市场的方式来提供。因此，对于准公共产品，私人作为提供者更多地参与到产品供给中来，政府和私人都可以作为产品提供的主体。例如，道路具有受益的非排他性，但道路具有消费的竞争性，即当消费者人数达到一定的临界值时，其边际成本不为零。道路显然不能无限制的扩大上路车辆人员的数量。因此，道路是一项准公共产品，道路可以由政府出资建设，也可以由公司、个人出资建设。

私人产品更多的是一种个性产品，不宜由政府提供。

根据樊丽明等的研究，某一公共产品的供给方式不是一成不变的，其供给机制的作用边界处于变迁之中，主要表现为政府供给与私人供给的相互转化。在公共产品供给机制的变迁中，公共产品的性质特征、技术进步、政府职能理念、公平效率准则、政府政策倾向、需求状况及私人资本规模都产生了一定的影响作用。我国公共产品需求庞大而政府财力有限的矛盾十分突出，应在保证公共产品政府供给的基础上，充分发挥私人部门在公共产品供给中的作用，适当引入市场供给和自愿供给机制。政府应在制定发展规划、提供信息服务、放松管制等方面为私人部门参与公共品（主要是准公共品）供给创造必要的条件，并利用税收、土地等政策措施鼓励私人供给的发展。同时，应对政府和私人部门供给公共产品均应实施监管，包括对公共产品供给质量和标准的监督，对收费项目、收费标准和非营利组织财务活动的监督，以及可能出现的负外部效应的约束。

根据上述分析，从产权的角度来讲，公共产品的产权不一定是国家，但是产权是国家的产品原则上属于公共产品，包括纯公共产品和准公共产品。

1.2 科技资源

1.2.1 科技资源的内涵

资源是一个动态发展的概念。最初，资源的概念限定在自然资源范围之内。例如，《辞海》对资源的定义是资财之源，即创造人类社会财富的源泉，通常指天然的财源；《现代汉语词典》对资源的定义是生产资料和生活资料的天然来源。随着人类社会的发展，资源的概念被不断拓展和泛化，人们更多地从社会经济学的角度去解释资源。恩格斯认为,"劳动和自然界是一切财富的源泉,自然界为劳动提供原料,劳动将原料变成财富"。美国的阿兰·兰德尔在《资源经济学》中,从经济学角度将资源定义为"人类发现的有用的和有价值的物质",这里的资源包括可再生资源和不可再生资源两大类。这既包括人类所需要的自由取用物品(Free Goods),也包括以人类劳动产品形式出现的一切经济物品(Economic Goods),以及各类无形的资财(知识、时间、信息、智慧等)。资源被理解为"人类用以创造财富的自然因素和社会因素的综合"。资源概念体系被划分为两个部分,即自然资源与社会资源。其中,社会资源又包括经济资源、文化资源、人力资源、政治资源和制度资源。相对于自然资源而言,社会资源是使自然资源转化为生产力的客观条件,是资源转化为财富的经济的、社会的和科学的手段。

随着知识经济时代的来临,科技进步在促进经济发展中的作用不断增强。阿布拉莫维茨于1956年建立新古典主义模型,论证了科学技术对经济增长的贡献与资本和劳动力对经济增长的贡献相当,提出"科技进步是第一生产力"的结论。新经济增长理论更是把技术作为经济增长的关键性要素。学术界越来越重视科技资源在经济资源体系中的核心地位。科技包含科学与技术两个层面,科学的目的是通过探索发现增加人类的知识财富,技术的任务是通过创新增加人类的物质财富。科学与技术的统一构成科技,揭示了科技资源在社会发展过程中的重要作用。科技资源概念体系结构,如图1.1所示。

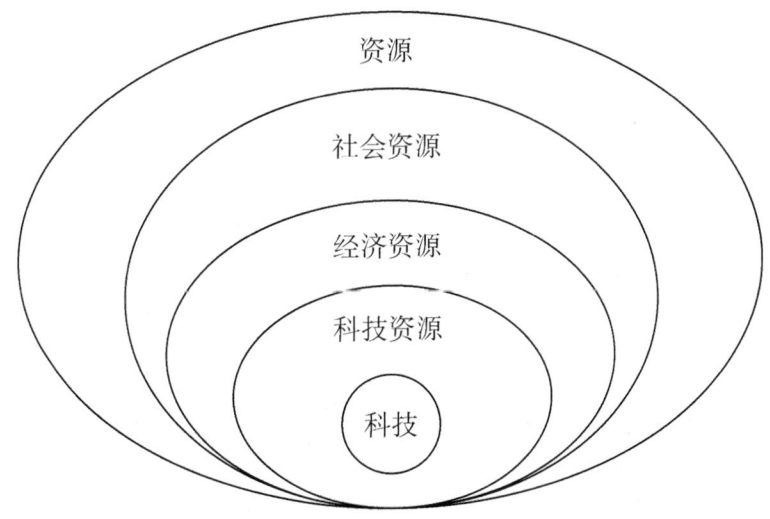

图1.1 科技资源的概念体系

目前，国内外专家学者从可持续发展经济学、系统论等角度对科技资源的内涵进行了研究。例如，孙宝凤等将科技资源定义为能够直接或间接推动科学技术进步，从而促进经济可持续发展的一切资源，包括一般意义的劳动力，以及专门从事科学研究人员、资金、科学技术存量、信息、环境等。又如，周寄中研究认为，科技资源是科技活动的物质基础，是创造科技成果，推动整个经济和社会发展的要素集合；由科技人力资源、科技物力资源、科技信息资源及科技组织资源等要素构成，是科技资源各要素及其次一级要素相互作用而构成的系统。此外，法国经济学家施威认为，科技管理是重要的科技资源之一，是一种无形的科技资源，因而科技资源应当包括科技人力资源、科技财力资源、科技装备资源、科技信息资源、科技政策与管理资源5个方面。

综合资源概念的本源、沿革及各方对科技资源的阐述，本书认为，科技资源本质上是人类开展科技活动所必需的各类要素。具体而言：① 科技是核心，科技资源必须能服务于科技活动，同时在一定的时间内它既可以表现为科技进步的成果，又是构成科技进步的基础条件。② 科技资源可以是有形的，也可以是无形的，如科学数据、科技信息等。③ 科技资源来源于人类社会活动，具有明显的社会属性，归属于社会资源。④ 人们可以利用科技资源促进科技进步和经济社会发展。因此，在某种程度上，科技资源是一种特殊的经济资源。⑤ 作为一个整体概念，科技资源是国家的重要战略资源。

1.2.2 科技资源的分类

科技资源的分类有不同的维度，本书重点从两个方面进行分析。

1.2.2.1 按科技资源的本体构成划分

目前，在科技资源构成上有"二元论""四元论""五元论"等认识。大多数学者都认为科技资源至少由4类基本要素组成，即科技人力资源、科技财力资源、科技物力资源、科技信息资源。它们是科技活动必不可少的主要支撑要素，构成了科技资源系统的基本单元，其数量和质量将最终决定一个国家的科技发展水平，进而影响经济社会及其发展。此外，相当一部分的专家认为，除上述4类外，还应该列入科技组织资源。对于科技组织资源，一种观点从管理层面将其视为科技管理制度和科技政策，还有一种观点从组织机构层面将各类科研机构和科技中介机构视为组织资源。前者是科技资源功效发挥的重要外在环境要素，后者本质上是科技人力、财力、物力和信息等资源的综合集成。出于研究的完整性，本书对于上述6类都进行研究分析。

(1) 科技人力资源

科技人力资源指从事科技活动的人员，包括直接从事科技活动的"科学家、工程师"及为科技活动提供直接服务的"一般科技人员"。科技人力资源具有高智力性、高流动性及高创新性等特点。科技人力资源是最重要的科技资源。这是由于一方面人是科技活动的主体，能支配其他科技资源；另一方面，科技人力资源与其他类型的资源是紧密结合的，其他科技资源如要参与到科技活动中，必须依靠科技人力资源。许多资源的共享利用也离不开科技人力资源，例如，大型仪器的共享往往并非只是仪器自身的共享，而是关系到与仪器相关的操作人员、机组等科技人力资源的共享。因此，许多科技资源的背后都隐藏着相应的科技人力资源。

(2) 科技财力资源

科技财力资源是指用于从事科技活动的经费，是评价各个国家科技竞争力的主要依据，是科技活动的物质保障。科技财力资源的来源有4方面：政府财政科技拨款、企业科技经费投入、银行科技贷款和其他来源。支出方向包括科技管理事务、基础研究、应用研究、技术研究与开发、科技条件与服务、社会科学、科学技术普及、科技交流与合作等。政府扶持科技创新的主要的两个方式之一就是通过财政投入，增大科技财力资源，这也是政府扶持科技的最直接的方式。

(3) 科技物力资源

科技物力资源是指科技活动中有形的科研条件，主要包括3类：一是科研仪器、设备、装置；二是种质、标本、标准物质、实验动物等；三是科技活动所需的基础设施，包括科研场所、网络科技环境所依托的光缆、计算机等设备装置等。科技物力资源是科技基础条件或者说广义的科研基础设施的重要组成部分，科技基础条件资源中有形的部分主要是科技物力资源。

这里有两点需要说明：第一，有的学者将实验室、研究实验基地等科研机构列为科技物力资源，本书认为科技人力、财力、物力、信息4类资源是科技资源4项基本要素，原则上不能再拆分，相互之间也基本上没有交叉，而科研机构是综合性的科技资源。因此，不应将其列入物力资源这一基本资源类型中。第二，科技图书文献等也是有形的，是否可以归入科技物力资源中？本书认为，从是不是有形的角度来划分，科技图书文献是可以归入科技物力资源的，但从另一方面理解，图书文献的价值更多在于其中蕴含的知识信息，而非纸张本身。因此，本书倾向于将其归入科技信息资源。

科技物力资源是发挥科技资源功能与效用的重要条件，科学仪器设备的开发利用水平，直接关系到科学技术的水平和自主创新的全局。

（4）科技信息资源

科技信息资源是指人类科技活动产生的科技信息集合。当前多数研究将科技信息资源定义为以知识形态表现的各类科学研究和科技创新成果，主要包括科技图书、标准、专利、文献、报告、技术成果及不同领域的科技数据库（集）、计算机软件等。这些种类的科技信息资源大都有一个共同点——信息与资源的统一性，即信息就是资源本身。例如，我们阅读了科技图书、掌握了科技数据库，就可以说已经获取或使用了这项科技资源。因此，本书将其定义为"资源型的科技信息资源"。

本书认为，还有几类的科技信息资源被忽视了。一是科技资源的描述性信息，即对科技人力资源、物力资源乃至一些科技信息资源等介绍、概要等具体的描述，对于科技人员，包括姓名、研究领域等；对于物力资源的仪器型号、用途等；对于文献图书的摘要、目录信息等。其目的是准确地对资源进行描述和定位的信息化，使外界更清晰准确地认知科技资源。这样的数据信息在信息、地理、生物等领域被称为元数据，即描述数据的数据，对数据及信息资源的描述性信息。本书中也沿用称之为"元数据型的科技信息资源"。因此，与科技图书文献等信息资源不同，掌握了元数据，只是对科技资源有一个认知，并不等于获取了科技资源本身。例如，我们掌握了一台仪器的型号、用途，并不等于使用了这台仪器。对于科技资源（包括传统意义上的科技信息资源、图书文献等）的拥有者而言，由于在生产或者获取信息资源时，拥有者付出了劳动或财富，无条件的开放可能会带来资源拥有者利益的损失。因此，导致其开放共享的积极性变低。但是，开放共享其元数据就可以解决资源拥有者的忧虑，同时可以促进资源的被知晓和被利用。

此外，还有一些科技信息资源，例如，科技发展动态、科技管理活动中新闻信息、企业的科技需求等信息,即"资讯型的科技信息资源",这些信息资源往往是由政府、科研机构、企业等科技活动的主体发布的一些信息。尽管这一类的信息在专业性和资源属性上不如"资源型的科技信息资源",但是它们在科技活动中也发挥着不可替代的作用。

在信息化浪潮席卷全球的时代,信息系统已经构成了人类生存不可或缺的外在环境。开发和利用信息资源不但成为可能,而且是一个国家发展的必由之路。相对于物质资源、能源和人力资源等消耗性资源,信息资源属于非消耗性资源,且开放共享的难度最小,是国家开展科技资源共享的重要切入点。

(5) 科技制度资源(科技组织管理资源)

如前所述,科技组织资源有两种阐述,其一从组织管理角度理解,将其阐述为科技制度资源,主要包括科技和创新方面的政策、制度、规范、规则、办法等。科技制度之所以可以作为一项资源,主要有以下几方面的因素。

第一,具备资源的一般特征稀缺性、成本性、可配置性等。康芒思讲到,一种东西要成为财富,就必须"有两种效用的意义,使用价值和稀少性价值"。这是资源的根本特性。从制度资源的特征来看,首先,制度的供给与需求并不总是平衡的,一般说来总是供给落后于需求,因而会造成一定的类似物质短缺一样的制度短缺;其次,每件制度变迁和创新,都需要耗费相应的代价与成本;最后,各种制度之间必须得到合理和科学的配合、协调,才能发挥预期作用。

第二,从制度资源所包含的内容来看,制度主要是确定科技资源系统中人、财、物、信息及机构等要素的内在关系规则,将一切有利于科技资源配置的要素进行了内化和优化,是科技活动不可缺少的部分,也是科技活动中唯一的环境要素。

第三,从制度在经济领域里的作用来看,通过制度的作用即对制度的投入和产出结果,以产权和交易成本为分析工具和手段,可以对制度进行经济成本分析,这是制度成为资源的最基本条件,也是任何一种事物成为资源的必备条件。制度的产出结果也就是它所带来的社会效益和经济效益,它反映了制度的内在价值,是评价和分析制度这种资源价值的重要依据。

第四,制度不仅被视为一种生产和生活的环境和背景,而且可以看作一项生产资料。制度的制定可以像其他资源一样成为一件商品,可以买卖和择优选择。政府和企业等制度需求者可以把一些制度的创设和更新交由专门机构如咨询研究机构、学术团体等去做，然后可以通过付费进行择优选取。

科技制度资源是除了科技财力资源外，政府介入科技活动的另一种重要方式。与财力资源相比，政府通过提供科技制度资源，通过规范、引导、激励科技活动主体开展科技创新，相对间接地影响着科技活动。

(6) 科技（组织）机构资源

科技组织资源的另一种阐述就是科技机构资源。广义的概念包括参与科技活动的各类组织主体，如政府、高校、企业、院所等。狭义的概念，也是普遍接受的概念，包括重点实验室、工程中心等研发机构，野外台站、检测中心等试验观测检测基地，生产力促进中心、科技孵化器等科技中介服务机构等。如前所述，科技机构资源是科技人力、财力、物力、信息及制度资源的综合体，本质上并非基本资源要素。科技机构是科技活动的一种基础的组织形态。科技机构之所以被一些学者归类为科技资源的一种，本书分析认为，一方面还是由于其稀缺性，一般理论研究和科技管理中所指的科技机构，大多是由各级政府命名或支持建设的，在数量上相对稀缺，在从事科学研究、科技服务方面具有较高的水平。例如，在促进科技资源共享和利用的重要文件《2004—2010年国家科技基础条件平台建设纲要》和《"十一五"国家科技基础条件平台建设实施意见》中，都将重点实验室等研究实验基地作为一项工作重点。另一方面，类比人与法人的关系，如果说科技人力资源是从自然人的角度来描述科技活动的主体，科技机构资源便是从法人角度来描述科技活动的主体。

综上所述，我们认为从资源本体构成上看，科技资源分为科技人力（某种意义上说，科技机构是法人角度的科技人力）、科技财力、科技物力、科技信息和科技制度5类资源，各类资源的边界是相对清晰的，同时相互之间也是有着紧密联系的。科技活动就是科技活动主体——科技人力或科技机构，在科技制度的保障和约束下，运用科技财力资源，对科技物力资源和信息资源进行加工、生产而产出成果的过程。

1.2.2.2 按科技资源的产权划分

产权是经济所有制关系的法律表现形式。它包括财产的所有权、占有权、支配权、使用权、收益权和处置权。产权经济学理论认为，产权对于资源配置、经济活动有着重要的影响。科技资源的产权是影响资源共享的重要的隐性因素之一。我国对科技资源管理相关的产权及其关系的重视在一定程度上还很不够,已经影响了我国科技资源共享工作的深入开展。科技资源及科技资源共享主要涉及的产权包括所有权、占有权、使用权和收益权。一般情况下,科技资源共享的只是资源的使用权,资源的所有权是不变的。

所有权是上述权利中最重要和最基本的权利。根据所有权的不同,科技资源可粗略划分为如下几种。

(1) 国有科技资源

国有科技资源,即所有权归国家的科技资源。国有科技资源可以细分为以下二类。

第一类是根据法律,所有权归国家的天然科技资源,如科研用的林地、矿产等。

第二类是各级政府财政投入形成的科技资源,包括行政事业单位国有资产和经营性国有资产中的科技资源;这些科技资源从法律意义上所有权是国家,但是实际的占有权、使用权多是行政事业单位和企业。这里的形成包括购置及研发成果等。对于购置,无论是作为设备更新改造还是研发项目的设备采购,一般情况下所有权均是明确归属国家。但是对于财政资金投入研发项目而产生的科技成果,根据2008年7月1日起施行的《中华人民共和国科学技术进步法》(以下简称《科技进步法》)第20条,项目承担者和国家对于科技成果资源具有部分的所有权。

《科技进步法》第20条规定:

利用财政性资金设立的科学技术基金项目或者科学技术计划项目所形成的发明专利权、计算机软件著作权、集成电路布图设计专有权和植物新品种权,除涉及国家安全、国家利益和重大社会公共利益的外,授权项目承担者依法取得。

项目承担者应当依法实施前款规定的知识产权,同时采取保护措施,并就实施和保护情况向项目管理机构提交年度报告;在合理期限内没有实施的,国家可以无偿实施,也可以许可他人有偿实施或者无偿实施。

项目承担者依法取得的本条第一款规定的知识产权,国家为了国家安全、国家利益和重大社会公共利益的需要,可以无偿实施,也可以许可他人有偿实施或者无偿实施。

项目承担者因实施本条第一款规定的知识产权所产生的利益分配,依照有关法律、行政法规的规定执行；法律、行政法规没有规定的，按照约定执行。

（2）集体所有的科技资源

集体所有的科技资源，即所有权归集体的科技资源。

（3）私有科技资源

私有科技资源，包括私人所有的科技资源及私有法人所有的科技资源。

由于所有权的不同，政府对于各类科技资源共享采取的措施也是不同的。对于国有科技资源，可以通过法律等手段强制要求开放共享；对于私有科技资源，由于我国《宪法》第13条规定"公民的合法的私有财产不受侵犯"。因此，要采取引导的方式鼓励其共享；对于集体所有的科技资源，其法律定位和法律关系更为复杂，但更宜采取对待私有科技资源的共享方式，通过引导的方式推进共享。

由此可见，国有科技资源应是推动科技资源共享的重要对象，同时需要注意的是，相当部分国有科技资源的占有权和使用权属于高校、科研院所和企业等单位，更具体的可以到实验室、机组乃至个人。因此，科技资源共享要考虑保护这些单位、机构和个人的利益，并激发他们的积极性。

1.3 科技资源的公共产品属性分析

如前所述，公共产品一是能满足公共需要，二是消费具有非竞争性，三是受益具有非排他性。除了科普资源外，科技资源虽然直观上看起来并非普通大众的直接需求，但实际上大众的生活间接上时时刻刻离不开科技资源。此外，对于科研工作者和企业等从事科技活动的人和机构而言，科技资源更是一种基础要素，是必需的生产资料。从这个意义上讲，科技资源符合能满足公共需求这一条件。对于非竞争性和非排他性，不同类型的科技资源略有不同，需要逐一分析。

1.3.1 不同本体构成科技资源的属性分析

（1）科技人力资源的属性分析

科技人力资源的核心是人，科技资源的价值在于人的劳动，科技人力资源的使用就是让科技人员提供脑力或体力劳动。作为科技资源中最重要，也是最特殊的部分，科技人力资源具有竞争性，即一个人或机构获取了科技人才的使用权，另外一个人或机构从理论上来讲就不能在同时获取该使用权。科技人力资源的使用权一般由科技人员与雇佣者的协议体现。例如，一个科研院所规定科技人员每天工作8个小时，可以认为科技人员每天8小时之内的使用权是归属科研院所的，其余时间的劳动或者说使用权在不违反单位规定的情况下，可以被拿来共享。此外，科技人力资源的受益非排他性也是不能被保证的。同时，就产权而言，人的所有权属于自身。也有观点认为，科技人力资源是知识的载体，因为知识本身属于公共物品，因此，科技人力资源具有很大的共享前景。我们认为知识作为资源，具有较强的公共属性，但人力资源的根本在于人。科技人力资源有共享的必要和基础，但是我们认为科技人力资源具有较大程度的私有产品特征。在共享时要靠引导，充分考虑科技人才自身和其雇佣者（所在单位）的利益。

（2）科技财力资源的属性分析

科技财力资源特别是财政科技投入给人的通常印象是公共产品，但财力资源即用于科技活动的金钱，一旦投入某一科学技术项目，就被花费消耗掉了，不可能再挪作他用，具有很强的排他性。这一点与人力资源和一些物力资源可以循环利用、多次投入到科技活动的特点是不同的。同时，由于科技财力资源的有限性，其资助对象只能是从众多项目中挑选出来的一些，不可能是全部。从这点来说，科技财力资源又具有较强的竞争性。财力资源在未投入以前，理论上大家都有使用的可能，具有一点公共资源的特点，但是，一旦投入，由于它同时具备了排他性和竞争性，从经济学角度看，它具有典型的私有产品特征，同时也难以共享。

（3）科技物力资源的属性分析

科技物力资源中的科研仪器和科研设施，在一个用户使用的同时，一般情况下，别人是无法使用的，但是在其寿命周期内，仪器可以多次重复性使用，同时每一次利用带来损耗不足以影响仪器使用的质量。如果不把"同时"使用作为非竞争性的核心关键，我们可以认为这样的科技物力资源具备一定的非竞争性。对于标本、实验动物、试剂等科技资源，由于其是消耗品，因此，具有较明显的竞争性。同时，科技物力资源具有非排他性。与公路这种资源的非排他性相似,尽管一个人可以不去利用科技物力资源,但是科技物力资源并不排除其利用的可能性。因此,科技物力资源大多具有准公共产品的特征。

(4)科技信息资源的属性分析

科技信息资源是人类社会科技活动和生产过程中所产生的基本科学技术数据、资料及按照不同需求系统加工的数据产品和相关信息,是信息时代最基本、最活跃、影响面很广的科技资源。各资源利用者在信息资源利用上没有明显的竞争性,也不存在"你多我少"的排他性。例如,某人阅读一本书,他从书中获得的信息内容并不会因为其他人已经阅读了该书而受到影响。也就是不同信息使用者可共享同一信息而不相互影响信息量的获取。信息资源能以极低的成本进行几乎无差别的复制,这不仅意味着其共享的代价很小(与信息本身的价值相比可以忽略不计)、非常易于实行,且完整的信息复制品也不存在质量和功能上的缺陷,完全和原信息具有同样的功用。另外,对信息资源的共享并不会对原信息造成任何的伤害(保密性的信息资源除外)。科技文献、科学数据、科技成果等资源型科技信息资源,由于富涵了更多科技工作者的劳动价值,出于鼓励创新和促进科技发展,往往受到国家知识产权制度的保护,其知识产权属于研究个人或机构,限制了其纯公共产品的属性。但总体而言,科技信息资源,特别是元数据型的信息资源、资讯型的信息资源具有典型的公共产品属性。

(5)科技组织资源的属性分析

科技制度资源本身就是激励、保障、规范科技人员科技活动的政策、办法、准则等。其消费的非竞争性和受益的非排他性是显而易见的,因此,科技制度资源具有典型的公共产品属性。至于科技机构资源,由于是人力、财力、物力、信息及制度的综合体,我们认为与科技人力资源相似,具有较大程度的私有产品特征。

如上所述,我们分析了各类科技资源具有不同程度的私有产品或者公共产品特征。需要注意的是,一方面,某种资源具有公共产品或者私人产品特征,并非就是说该种资源是公共产品或者私人产品,还应结合资源的产权归属等因素综合来判定;另一方面,并不是说公共产品能够共享,私人产品就不能共享,准确地说,公共产品更应该或易于共享,私人产品共享的制约因素更多,更需要引导其共享。

1.3.2 不同产权归属的科技资源属性分析

国有科技资源的"国有",在我国指全民所有,即其所有权归全体公民。除了特殊的军工、国防等涉密科技资源外,理论上应向全体公民开放,允许全体公民使用。因此,国有资源具有很强的公共属性。但是,在1.2.2中我们也分析了,很大程度上,国有科技资源的实际占有、使用权是行政事业单位和企业,而一部分科技物力资源和信息资源是与人力无法分开的,鉴于人力资源很难被同时使用。因此,这些资源就不可避免地带有消费的竞争性,相当一部分国有资源只能算准公共产品。

对于集体所有科技资源和私有科技资源,尽管所有权是私有的,但是如果资源拥有者愿意将资源使用权进行共享,那么集体所有科技资源和私有科技资源也可以具备公共产品的属性。只不过,集体所有科技资源和私有科技资源较少能成为纯公共产品。从理论上讲,私有科技信息资源在无偿开放共享的条件下可以成为纯公共产品的,一旦收费,就会可能将一些用户排除在受益范围之外,而产生排他性。因此,集体所有科技资源和私有科技资源可以提供较多的准公共产品。

1.3.3 综合分析

如表1.2所示,不同类型资源的特征及公共产品属性不尽相同。在资源产权相同的情况下,财力、人力、物力、信息、制度的公共产品属性逐渐增强。在同一种科技资源类型内,私有产权科技资源、集体所有产权科技资源、国有且被企事业单位占有的科技资源、国有且政府直接支配的科技资源公共产品属性依次增强。

通常情况下,科技财力资源不能共享,科技人力资源、科技物力资源可以有条件地共享,科技信息资源、科技制度资源共享的基础最好,在很多情况下,可以无条件共享。

表 1.2 不同类型科技资源特征与属性

公共产品属性不断增强 →

资源类型		资源特征	共享情况	国有产权资源		私有产权、集体产权资源
				政府占有并支配	企业、高校、科研院所等单位占有并支配	
科技财力资源		资源为消耗品,资源在使用时所有权发生了转移,资源使用竞争、排他	不可共享	没有公共产品属性	没有公共产品属性	私人产品
科技人力资源		资源为非消耗品,资源在使用时所有权未发生转移,资源使用竞争、排他	适合有条件共享	没有公共产品属性	没有公共产品属性	私人产品
科技物力资源		部分为消耗品;部分为非消耗品;资源使用竞争和排他属性随具体的资源而变化	适合有条件共享	公共产品或者准公共产品	公共产品或者准公共产品	准公共产品或私人产品
科技信息资源	资源型信息资源	资源为非消耗品,主要有科技文献、数据、技术成果等	适合无条件共享	公共产品	公共产品或者准公共产品	准公共产品或私人产品
	资讯型信息资源	资源为非消耗品,主要有新闻动态、需求等各类信息	适合无条件共享	典型的公共产品	公共产品	(准)公共产品或私人产品
	元数据型信息资源	资源为非排他,主要有各类资源的元数据信息	适合无条件共享	典型的公共产品	公共产品	(准)公共产品或私人产品
科技制度资源		资源为非消耗品;资源使用非竞争和非排他	适合无条件共享	典型的公共产品	公共产品	(准)公共产品或私人产品

← 公共产品属性不断增强

1　公共产品视角下的科技资源分析

　　所谓共享，均是只共享科技资源的使用权，产权在共享时通常是不发生转移的。这就意味着，共享完成后，被共享的资源没有损耗（如信息资源）或有一定损耗，但每次的损耗不影响后面的多次利用（如科学仪器的共享）。因此，作为公共产品的科技资源一般都可以重复利用，是非消耗品或是不易消耗品。此外，对于不易消耗的科技资源，共享必须带了资源的损耗，为了保障资源可以持续共享，资源的需求方可以对资源的损耗给予一定的经济补偿。

2 科技资源共享的内涵、主体和机制分析

2.1 科技资源共享的概念

(1) 共享的概念

共享作为一种社会现象首先表明一种关系,这种关系一般联系着有特定目标和任务的人群,他们关注有价值的共有资源,相互之间协调运作,形成松散有序的虚拟组织架构,并在此基础上形成资源的重新分配。就社会经济活动和管理行为两个方面而言,共享包含两个方面含义:一是经济系统发展过程中在要素、结构、功能、制度和配置安排上对共有、共存和共同的主动追求,并运用组织、协调、控制等手段规范追求活动,也即"共";二是对追求活动带来的成果的享受、享有的现实期待,也即"享"。"共"是"享"的方法和途径,"享"是"共"的目标和结果,二者的结合与互动实现"共享"。需要指出的是共享是一个既有付出又有收获的责任与义务相平衡的过程,而不是无原则地相互排斥和竞争的共有。

(2) 科技资源共享概念的研究基础

对于科技资源共享的研究始于20世纪90年代,但在其概念界定上,迄今尚无统一的定义。归纳起来有以下3个方面内容。

一是强调科技资源使用权的共享。郑长江等从经济学角度把科技资源共享定义为在一定制度约束条件下,不同创新主体间共同地享有科技资源的使用权,从而实现科技资源的科学且高效的使用和管理,充分利用现有资源,共同分担创新成本、风险与创新收益的一种科技资源优化配置方式。

二是强调科技资源的整合和高效利用。杨勇认为科技资源共享是指通过整合现有科技资源,实现科技资源高效使用和管理,利用已有资源开发新资源,创造出更大价值。赵辉等把科技基础条件资源共享定义为充分利用信息、网

络、通信等技术构建由科技文献、科学数据、大型科学仪器设备、自然科技资源等物质和信息资源集成的,适应政府科技、经济、社会发展战略目标和需求,为一定区域内的科技研发组织和个人提供公平使用机会的科技基础条件资源服务系统。

三是强调参与主体的合作与利益共享。胡卓君认为科技资源共享具有主体构成的多元性、共享方式的合作性、效益的分享性等特征,并把科技基础条件平台资源的共享定义为平台共建协作的利益主体和社会其他成员在政府宏观调控下,通过合作方式共同使用平台资源达到预期目标效益的过程。郑庆昌等认为科技资源的共享实质上是要解决科技资源经济价值与社会价值在追求最大化中的冲突,最大限度实现经济与社会双重价值,实现参与主体各方利益的共享。

(3) 科技资源共享的内涵

基于对共享的认识,本书认为科技资源共享是资源拥有主体对科技资源科技价值、经济价值和社会价值的主动追求和利益共享,是一种互惠互利的共赢关系。从系统角度而言,科技资源共享以实现区域创新系统整体资源优化配置和价值创造为目标,以信息为基础,以合理的组织结构为支撑,以技术为手段进而提高系统创新能力和竞争优势。从实现过程来看,科技资源共享追求将最适当的资源在最适当的时间传递给最适当的使用者,有效实现科技资源的价值创造与转移。从状态来看,科技资源共享指区域创新系统成员及其子系统之间在运行机制引导下形成的资源充分共享、价值充分创造的一种资源优化配置状态。

科技资源共享一方面是从宏观上,通过法规体系和政策调控及有效、科学的管理体制和运行机制,实现科技资源的共建、共享、共用及开放,最大限度地利用有限的科技资源,提高科技资源的使用效率;另一方面是从微观上,依靠先进的技术手段和合理的机制设计,来促进科技资源的共享。

科技资源的稀缺性是决定科技资源共享的根本原因。作为科技活动的投入要素,有限的科技资源应该得到充分的利用。科技资源的稀缺性决定了需要将其在不同科技活动主体、领域、过程、空间、时间上分配和使用,才能实现经济价值的最大化。科技资源共享是配置科技资源的一种基本形式。

(4) 公共产品视角的科技资源共享分析

公共产品的前提就是存在公众需求且能被公众利用。因此,公共产品是需要对外开放共享的。作为纯公共产品的科技资源，如一些科技信息资源和制度资源，其生产就是为了满足科技人员等大众需求，大多采取无条件的对外开放共享，免费提供资源的使用权，不涉及使用权的交易。而对于准公共产品或者私人产品的科技资源，其共享过程中，大多以交易的方式对科技资源使用权等产权关系进行调整，以实现科技资源更大的经济价值。

从一定程度上讲，推进科技资源共享的过程，就是政府不断提供科技资源公共产品，不断将私有的科技资源通过有效措施转变成准公共产品或纯公共产品的过程。私有产品向公共产品的转变主要是避免私有产品在使用过程中的竞争性和排他性。

出现资源使用竞争性的主要原因就是科技资源供给相对于需求的稀缺性。理论上讲如果物质极大丰富，就不会出现使用的竞争性。降低资源的稀缺性，一种方式是提高资源的供给数量，但这种方式往往是不可行或者不经济的；另一种方式就是提高资源的信息化水平，举一个简单的例子，同样的内容，一本纸质图书和一份电子书，显然信息化后资源更容易满足用户的同时使用，增强资源使用的非竞争性。

出现资源使用排他性的原因主要是科技资源不能免费或者低费用使用。降低资源使用的排他性，一方面，可以通过政府提供制度资源，激励、引导私有资源拥有者自愿供给或者低成本供给科技资源；另一方面，政府通过补贴等方式降低用户利用资源的成本，必要时还可以通过政府采购，将私有资源的所有权转变为国有，变私有产品为公共产品。

2.2 科技资源共享的要素和主体

科技资源共享是一种复杂的经济和社会行为，是根据多方分工协作实现资源配置效率和经济效益的最大化的系统工程，涉及多个要素和主体。

2.2.1 科技资源共享的要素

（1）主体要素

科技资源共享的主体要素是指参与科技资源共享的人和机构。根据在科技资源共享活动中不同主体在职能上的不同，分为4个主体：科技资源共享供给主体、科技资源共享需求主体、科技资源共享服务主体、科技资源共享管理主体。科技资源共享活动的各主体是多元化和动态的，对于一个特定主体，在不同的科技共享过程中可能扮演着不同的主体角色。科技资源共享的本质是各利益主体对科技资源的产权进行交易，以获取更多经济利益的过程。因此，科技资源的供给主体和需求主体是共享的一对基本主体。随着科技资源共享活动向着规模化和专门化方向发展，共享服务主体成为一个重要的主体。同时，由于科技资源共享活动本身具有较大的外部性，单纯依靠市场机制难以发挥出共享的最大效益，对共享活动进行管理也就成为必需，科技资源共享的管理者从而成为一个不可忽视的主体。

科技资源共享过程中主体的需要和利益是主体实践的内在动机，是激活主体能力、驱使主体实践的力量源泉。因此，资源拥有者的利益和资源需求者的需要是影响共享的关键因素。

（2）客体要素

科技资源是资源共享的客体，是主体开展资源共享活动的客观对象，是满足主体之间需要的基础。科技资源分布的不均衡性及产权的差异性使得资源主体希望通过共享获得资源的使用权，以实现科技资源的价值创造与转移。同时，科技资源的高增值性和影响的长效性也是资源主体进行共享的动力源之一。另外，由于科技资源的整体性和协同性，某种科技资源无法单独发挥作用，需要与其他科技资源配合使用方能实现科技创新，通过共享可使这种整体性和协同性得到很好的保持。

同时，不同类型的科技资源在利用的非竞争性、非排他性、易损耗性等方面都有显著的不同。例如，一些实物科技资源有易损耗性，每一次使用都会带来一定的损耗；信息资源尽管通常没有易损耗性，但是部分具有时效性，只有在有效的时间内使用才能获得相应的收益；还有一些资源，如大型仪器设备，其在地域上的不可移动性可能造成资源需求方使用成本的增加，从而降低了共享收益。这些都是影响甚至阻碍科技资源共享的重要因素。

（3）环境要素

作为一项系统，科技资源共享除了主体和客体之外，还需要各类软硬件环境要素的支撑和保障。硬环境条件包括：用于开展共享活动的信息网络和设备实施及保障资源共享顺利实施的技术手段。在很大程度上，技术条件决定了如何开展共享工作。科技基础条件平台建设等工作，正是顺应网络化时代的发展，通过信息共享带动实物资源共享。可以预见，技术的发展会给科技资源共享带来更多的便利，提出更多的任务。软环境要素包括促进共享的政策法规、规章制度、标准规范、共享文化等。

2.2.2 科技资源共享的主体分析

如前所述，根据在科技资源共享过程中的定位，科技资源共享可以分为4类主体：供给主体、需求主体、服务主体和管理主体。

科技资源共享供给主体是指被用于共享的科技资源的所有者（或者投入者）。科技资源共享首先得有可以用于共享的资源，否则共享无从谈起，投入是实现科技资源共享的重要保障。科技资源共享需求主体是指在创新活动中需要借助于外部科技资源的组织或个人。科技资源共享服务主体是对共享的科技资源的进行加工处理，并将加工后的资源和服务提供给科技资源共享需求主体的机构或个人。科技资源共享管理主体是科技资源共享政策的制定者和共享管理系统的组织者。

科技资源共享主体有以下几个需要注意的问题。

(1) 科技资源共享主体在理论层面是相对的

各类主体的划分只是在某一个或某一类资源在某一时间阶段共享中的角色。同样一个机构，如政府、高校、企业、中介机构在不同的资源共享过程中可以承担不同的角色，各自角色并非是一成不变的。例如，政府在宏观科技资源共享过程中，政府是科技资源管理的主体；对于国有科技资源而言，政府是资源的所有者，因此是供给主体；对于一些纯公共服务，如科技行政类的服务，政府又是服务的直接提供方，因此，此时又是服务的主体；在一些情况下政府也需要一些科技资源用于支撑决策，如研究报告、数据等，这些资源可以由高校、院所乃至企业提供，此时政府亦是需求的主体。

同时，每个组织机构同时也可以承担多个角色，如很多情况下，资源拥有者也是资源的服务者。

2 科技资源共享的内涵、主体和机制分析

（2）需要关注在推进国家科技资源共享各类重点主体中的特点和作用

从国家层面推进科技资源共享，需要在不同的主体关注重点的组织机构。

政府是科技资源共享管理主体，是科技资源共享政策的制定者和共享管理系统的组织者。共享的需求者、供给者和服务者则更加关注自身在科技资源共享过程中能够得到的收益或利润，这些主体仅仅依靠自由竞争和市场机制是难以保持创新活力的，政府在提供创新所需的公共产品、促进各种创新的最佳配置等方面，需要发挥着重要作用。政府通过影响科技资源产权交易外部环境变量进而可以影响科技资源共享的成本、收益。所有政府都对产权发挥着重大作用，它们也拥有资产和直接参与经济活动，而且合同裁决和执行也深深依赖政府。科技资源共享管理是政府在创新管理中的重要职责，政府部门是科技资源产权的裁定者、科技资源共享政策制定者和监督者、科技资源共享管理的组织者。

政府和高校、科研院所是我国科技资源共享的主要供给主体。我国科技资源，特别是共享必要性强、可行性好的科技资源主要分布在高校院所，结合第一章对公共产品和科技资源的分析，高校院所中的科技资源大部分为国有资产，理论上国家拥有全部的所有权，但在实践中由于高校院所占有并使用这些资源，在使用过程中实际上产生了增值，而这部分增值往往与原有科技资源很难完全区分开，因此，我们也应该视同这些高校、院所在一些国有资源上拥有部分的所有权。科技资源共享的重点之一就是推进国家所有且被高校、科研院所实际占有科技资源的利用效率，难点之一是如何调动国有科技资源实际占有者高校、科研院所的积极性。此外，一些企业集团也拥有相当程度的科技资源，据统计，2012年仅600家创新型企业（包括60家央企集团）拥有的大型科研仪器设备原值就已经和全国高校院所的大型科研仪器设备相当。如何引导这些分布在企业乃至个人的科技资源开放共享也是政府推进资源共享的另一项重要任务。

在科技资源共享服务主体中要高度重视科技中介服务机构的作用。理论上讲，共享服务主体并不参与科技资源的生产过程，不是共享的产权方。在现实世界中，它可以有很多名称，如中介、服务平台、数据中心等。共享服务主体在科技资源共享中占据十分重要的环节，允许其基于科技资源开发增值应用和服务是保障其利益的关键。科技资源共享服务主体在提高科技资源配置效率中

发挥着催化剂作用。与商户促进商品流通的作用类似,科技中介服务机构在促进科技资源的共享流动,营造有利于资源共享的市场环境方面发挥着不可替代的作用。随着全社会科技资源投入的日益增加,科技资源共享活动的规模和数量不断扩大,科技创新活动分工也逐渐向着纵深方向发展,科技资源共享服务专业化发展符合科技创新活动的内在要求。科技资源共享服务主体在不同层次的创新体系间具有纽带作用,他们将各层面创新体系联为一体,是科技资源共享供给和需求方之间的桥梁。科技资源共享服务主体的共享服务能力和水平是一个影响社会科技资源配置效率的关键因素。

在科技资源共享需求主体中要高度重视企业等创新主体需求。我国在建设以企业为主体,产学研结合的国家创新体系,要大力增强企业的技术创新能力。企业特别是中小企业科技资源相对匮乏,对于科技资源共享的需求更加强烈。同时,科技资源的经济价值和社会价值的体现也需要通过企业的生产经营来实现。同时,相对于高校、科研院所研究方向比较发散而言,企业的科技资源共享需求更加聚焦、时效性也更加强。因此,需要在研究和实践中重点关注企业作为需求主体的特点和需求。

2.3 科技资源共享的内在动力

科技资源共享作为一项多方主体参与的系统工程。其开展共享的动力来源可以从以下 3 个方面开展分析。

2.3.1 科技资源共享主体的需求

任何资源主体在进行科技资源配置时都无法使资源的效能得到充分发挥,经常会出现不同程度的资源过剩或短缺现象。作为一种有效的科技资源配置机制,共享有助于促使科技资源在价值链的各个环节合理分配与流动,并尽量优化资源配置到能产生较大效益的环节中,从而实现资源利用的效用最大化。因此,共享的本质是对利益的放大与共享,即科技资源共享主体之间合作所产生的共同利益的放大与共享。科技资源共享主体对科技资源共享的需求主要表现为以下几个方面。

(1) 节约资源成本

在企业、科研机构和科研人员创新过程中,根据科技资源属性的不同,有的资源在创新过程中的使用频率相对较低,或者购置成本超出系统主体承受能力。如果通过购置的方式获取资源则会增加技术创新成本,减少获利空间,甚至阻碍技术创新的开展。通过共享的实现,可以使企业、科研机构或者科研工作者以较之前少得多的代价获取这些科技资源,满足其节约成本的需求。

(2) 发挥资源价值

由于科技资源配置能力的限制,部分企业或科研机构的资源形成一定规模的过剩现象,导致资源利用效率的整体降低。通过共享,在资源合理使用的范围内,对资源进行再配置能够为资源持有主体带来一定的共享收入,也能充分提高资源的使用效率。

(3) 提高创新效率

共享能够实现以资源存量提高资源增量的效果,丰富了创新资源的种类和数量。以科技信息资源共享为例,通过共享能够方便地获取创新所需要的资源信息,较之于依靠自身力量去搜集分散的信息,无疑可以缩短创新的市场调研时间,大大提高创新效率,抢占并占领市场的先机。

(4) 降低创新风险

资源主体对于科技资源共享的需求还来自于最大限度地降低技术创新风险。技术创新最大的特点是不确定性所带来的风险,而科技资源共享可以让企业获得更为全面可靠的信息和技术支持,从而大大降低创新风险,增加创新成功的概率。

(5) 获取关系价值

共享过程中涉及与创新链条及产业链条中其他主体的合作,合作过程有利于形成彼此之间的信任,建立包括政府在内的不同主体之间良好的互动关系,为今后的合作奠定基础,成为创新主体的社会资本。

2.3.2 科技资源自身的特性

科技资源的生产、使用与交换伴随着价值的产生与发挥。因此,某种意义上而言,科技资源的流动本质上是价值的流动,科技资源的交换与使用实际上是价值增值的过程。因此，科技资源的价值属性也是吸引科技资源共享主体参与资源共享的动力之一。

（1）科技资源的科技价值

科技资源的重要意义表现为其对科技发展与人类进步的重要推动作用，这种推动作用是衡量其是否具有科技价值的标准。任何技术创新主体都不可能占有所需要的全部资源，在这种情况下，通过资源共享，资源主体之间通过相互交换对科技资源善加利用，充分保障资源在各个经济部门和行业之间的流动与应用。共享科技资源影响范围越大，共享效益越大。越是基础性和先进的科技资源，其共享对社会科技创新的作用潜力越大，而且这些效益往往是隐性的和长期性的。如基础研究、产业共性技术研究开发领域的科技资源，对科技创新的影响面宽、涉及创新主体数量多，促进这些科技资源的共享能大大提高共享效益。

（2）科技资源的经济价值

科技资源的经济价值表现为能够用货币衡量的该资源为使用者带来效益的多少。科技资源本身是一种稀缺性资源，具有经济物品的特征。同时，科技资源的利用可以有效地刺激技术创新活动，技术创新过程是经济和科技结合的过程，能给技术创新主体带来经济效益，从以上两个方面可以看出科技资源具有经济价值。由于科技资源的经济价值性，共享使资源所有者可以将原来不能带来任何收益的闲置资源通过有偿方式提供给他人使用，以增加本单位的收入，利用这些收入来购买技术创新所需要的其他资源，可以缓解普遍存在的经费紧张问题，促使技术创新活动更好地开展。

（3）科技资源的社会价值

科技资源的社会价值同上述两种价值同时形成，但是表现出一定的时滞性。例如，一项科技发明，其在推动科技进步和实现经济效益方面作用明显且迅速，但是对于社会发展的影响则需要经过一段时间的沉淀和积累方能显现，这个过程可能很短也可能很长，但都会出现一定的滞后。一旦显现其社会价值，则其对社会发展的作用也将非常显著。如一些战略科技资源的保藏，就是更多的关注长期的社会价值。

2.3.3 环境因素的改变

科技资源主体所处内外部环境包括市场环境、政治环境和社会环境3个部分，环境因素对科技资源共享起着重要的推动作用。

(1) 市场机制驱动

共享的目的是获得价值，在这种情况下，市场机制对于共享的驱动作用尤为重要。市场机制的作用体现在市场需求和市场竞争两个方面。

一是市场需求。对于资源需求主体而言，市场需求的作用体现为通过市场对某种新技术、产品或服务的需求刺激资源需求主体的创新意识，形成其对科技资源的需求，当这种资源需求无法通过市场购买获得或购买成本较高时，便会产生对资源共享的需求。对于资源供给主体而言，市场需求体现为资源需求主体的资源共享需求，当市场中存在这种需求时，供给主体在对自身资源利用状态的合理评估下判断是否参与共享，当共享为其带来的收益大于资源损耗时，共享意愿形成。在市场机制的配置下，供需匹配，共享得以开展。

二是市场竞争。市场竞争的剧烈程度也影响着资源主体的行为。市场竞争越激烈，资源主体为了求生存谋发展，就必须寻找增加自身能力的方法和途径。或通过技术创新开发满足市场需求的新产品，或通过降低产品成本、提高产品质量来占领市场，增强自身的竞争能力。特别在大量同类组织并存的地域上，便于与同行之间相互比较，更容易感受到竞争的压力。另外，虽然经济全球化扩大了资源主体的生存发展空间，但市场的开放将使国内竞争国际化，来自国外的强大竞争对手可能使资源主体直面国际竞争的压力，使其处于不利的竞争地位或面临严重的生存危机。而共享可以提高资源的技术创新能力和营利能力，进而增强竞争能力。需要指出的是，对于那些非自负盈亏的资源主体，如高校、公益类科研机构等，市场机制的配置作用有限，可能出现市场失灵的现象，其参与共享的助动力更多地来源于政府权力驱动与社会文化驱动。

(2) 政府权力驱动

在社会需求量小，市场机制难以顾及的领域，政府权力就成了推动科技资源共享系统运行的主要助动力。政府权力包括行政制约与政策鼓励两个部分。

一是行政制约。对于那些特殊的公共资源、公益性资源和非营利资源，由于资源主体的收入来源不以市场为载体,没有经济收益,从经济学的角度来看很难实现资源共享的动机,这样就需要政府行政强制和权力制约资源共享。

二是政策激励。从国外科技资源共享的成功案例来看,政府对资源主体的政策激励在推进共享的过程中起着十分重要的作用,政府为共享提供的财政补贴和税收减免等政策都会在一定程度上减少资源主体的共享成本,增强创新能力,提升共享收益预期,从而提高资源主体的共享热情。

（3）社会文化驱动

一是文化环境。硅谷现象的出现使得学术界对社会文化的作用形成新的认识,在资源共享系统运行过程中,共享文化同样对资源主体的共享产生重要的影响和推动作用。社会文化的形成需要一定的时间累积,但是一旦形成便会对社会主体的行为产生一定的约束和引导作用,这种驱动力作用的形式往往表现为资源拥有者发扬风格、免费提供、无偿援助、慷慨捐赠,使资源需求主体能无偿使用,实现共享;或者在全社会崇尚共享的文化氛围下,共享主体之间的信任度得到提高,减少共享违规现象的发生,极大地提高资源主体的共享热情。

二是楷模效应。当某一资源主体通过科技资源共享获得竞争优势时,便会使该主体在行业中处于领导地位,从而形成高额的垄断利润。而与此主体彼此临近的资源主体容易受到其成功经验的启发,引发模拟而进行改变。同时,在信息技术飞速发展的今天,国内甚至国际的资源共享成功案例也很容易被资源主体所熟知,从而受到影响和模仿。

2.4 科技资源共享的成本与收益

利益是资源主体参与共享的基础。人们的大部分活动是在利益的驱动下开展的,社会的发展也是利益驱动下的发展,科技资源共享也包括在内。政府作为国家层面科技资源共享管理主体,主要考虑的是保证科技资源的有效流通和共享,最大限度地促进科技资源的有效利用和合理配置,实现社会整体利益的最大化。对共享管理主体之外的科技资源共享主体,参与共享的动机是个体理性而非集体理性,实现自身的利益的最大化是其参与资源共享的出发点。因此,尽管宏观来看资源共享对国家、区域乃至资源主体都有利,但对微观而言，如果不能形成一种有效的利益均衡和保障机制，则可能出现部分共享主体的资源共享投入与收益不成正比的现象，那些投入高、收益低的资源主体必然逐渐失去参与共享的激情。科技资源共享体系只有充分考虑利益这一驱动因素，才能保证在实施上的可操作和可持续。

2.4.1 科技资源共享中的成本分析

科技资源共享过程还伴随着各种成本的支出，需要消耗一定资源，任何一个科技资源共享供给主体都不可能无限制地提供科技资源供其他组织或个人用于共享。只有提供科技资源共享的收益大于成本时，共享才是有效益的，这时资源共享才有可能发生。

科技资源共享的成本包括4个部分：共享供给成本、资源获取成本、共享服务成本和共享管理成本。资源共享是需要成本的，如发布资源信息、寻找资源信息；共享的成本，不仅体现在金钱上，还可以体现在时间、精力等方面。

（1）科技资源共享供给方的成本分析

科技资源共享的目的是通过对资源的使用实现资源主体的价值追求，使用的过程中必然会出现不同程度的成本支出和资源损耗。因为在利益的驱使下，任何资源主体都不可能无偿提供资源供其他个体或组织使用。对于科技资源供给主体来说，共享成本包括如下几个方面。

① 在沉没成本方面，包括科技资源供给主体为实现科技资源共享有一定的前期成本投入，包括科技资源信息发布、科技资源共享合作者搜索、科技资源共享协商等。

② 在直接成本方面，包括科技资源供给主体在共享过程中产生的直接支出或损耗，包括科技资源共享过程中形成的资产加速折旧、资源垄断附加价值减低、科技服务支出等。

③ 在机会成本方面，对于那些无法同时使用的资源而言，一旦进行共享，资源供给主体便失去了利用该资源进行研发和生产的机会，可能带来一定的损失，形成机会成本。例如，影响资源供给主体的科技研发计划、影响资源供给主体创新活动的及时开展等。

④ 在风险防范成本方面，特定情况下，科技资源可能包含资源供给主体

的创新信息，若防范不当可能导致信息泄露。因此，风险防范成本也是构成资源供给主体共享成本的重要内容。

（2）科技资源共享需求方的成本分析

资源共享实质上是资源使用权的转让，而资源需求主体必须付出相应的代价以实现这种使用权的获得，这部分代价表现为共享成本，包括如下几个方面。

① 在沉没成本方面，寻找和发现资源供给信息的搜索成本、与供给主体进行谈判的成本等。

② 在直接成本方面，根据协议支付给资源供给主体的共享租金、服务费用和按比例分配的共享增值收益。

③ 在机会成本方面，资源共享的需求主体同样面临着因采用共享方式而非完全拥有科技资源所产生的机会成本，特别是对于那些非营利性的高校和科研机构而言，科技资源拥有量使其绩效评价指标之一，而共享可能降低该指标的共享率，在评价中处于劣势。

④ 在风险防范成本方面，科技资源共享需求主体因获取资源共享，也需要付出一定的成本以防止自己的科研秘密外泄。

（3）科技资源共享服务方的成本分析

科技资源共享服务成本包括：科技资源共享服务机构在开展资源服务过程中而发生的人力、物力和财力支出。科技资源共享服务成本与共享服务的专业化分工程度、共享的规模大小有关。共享服务专业化分工是与科技创新复杂程度加深相伴随的，共享服务分工越细化，效率就越高，共享服务的成本就越可能会降低。共享服务的规模越大，共享服务的平均成本也就会越低。随着经济的发展，资源的稀缺性相对程度发生了变化，以往我们总是感觉到物质资源缺乏，而现在则感觉到人们的精力、时间等更为重要。因此，如果应用成本居高不下，也会对科技资源共享产生消极的作用。科技资源共享服务体系提供专业化的资源共享服务，有利于减少科技资源共享供给者和需求者之间信息不对称，促成各方实现资源共享。

（4）科技资源共享管理方的成本分析

政府要从宏观上进行科技资源的优化配置和协调科技资源的共享活动，要保证科技资源共享的各个利益相关者都能实现自己的目标，政府要投入必要的资金、人力开展相关政策制度的研究制定、科技资源共享服务体系的建设、科技资源共享的管理监督等工作。

2.4.2 科技资源共享的收益来源

科技资源共享供给和服务主体的收益来源基本一致。政府作为科技资源共享管理主体的收益，主要考虑资源共享的整体社会效益。

（1）科技资源供给和服务主体的收益来源

科技资源供给和服务主体的收益产生于资源共享过程中的资源使用权转让，包括直接收益和间接收益两个部分，其中直接收益表现如下方面。

① 共享租金。在科技资源共享过程中，资源使用者需要支付一定的使用费用也即共享租金给资源所用者，这部分收益成为共享的固定收益。

② 服务费用。某些情况下，在资源使用过程中资源供给主体需要为资源使用者提供一定的技术指导，这便构成供给主体的收益来源之二，即服务费用。

③ 财政补贴。为推动科技资源共享，政府可能对参与共享的资源主体给予一定财政补贴。

④ 增值收益。共享双方通过协议约定一定的增值收益分配比例，也即资源使用者利用该科技资源实现的技术创新收益需要按照约定的分配比例与资源供给主体共享。

科技资源供给主体的间接收益来源包括如下方面。

① 创新信息。通过资源共享，科技资源供给主体能够了解本行业的资源需求信息，有助于更好地把握本行业或本技术领域的创新趋势。

② 关系价值。作为优化科技资源配置的有效措施之一，科技资源共享受到各级政府部门的大力支持，通过共享，科技资源供给主体能够与政府部门建立良好的关系，并能够享受相关的政策优惠，这也可以为资源供给主体带来一定的隐性收益。

（2）科技资源需求主体的利益分析

科技资源需求主体的收益来源于使用科技资源进行技术创新的过程中，同样包括直接收益和间接收益两个部分，直接收益表现为如下方面。

创新收益。科技资源需求主体共享的最终目的是实现资源的技术创新价值，获得创新收益，创新收益是资源需求主体的主要收益来源。

财政补贴。政府为鼓励共享所提供给资源需求主体的财政补偿。

科技资源需求主体的间接收益来源表现为如下方面。

创新能力。通过科技创新，科技资源需求主体的技术、知识得到积累，整体创新能力得到提高。

关系价值。与资源供给主体一致，通过共享，资源需求主体能够享受政府部门针对共享单位提供的政策优惠。

2.5 促进科技资源共享的有效机制

2.5.1 科技资源共享机制的理论探索

机制是指系统各构成要素之间相互联系和作用的关系及其功能。一些学者从不同角度提出了促进科技资源共享的路径和机制。

魏淑艳提出我国科技资源共享要采取如下措施，包括借鉴国际社会的共享经验，建立科技资源管理体制与投入体制，制定和实施共享战略，制定共享政策法律法规营造共享的社会氛围，建立科技资源共享机制和相关制度及进一步构建科技资源的共享体系等。

董诚、陈家昌、李维从规划设计、资金投入、法规体系、人才队伍、评估监督及国际合作等方面对政府在科技资源共享中的重要作用进行了详细的分析，认为政府参与和主导是我国的科技资源共享取得成功的必要条件。

郑长江、谢富纪从经济学的视角定义了科技资源共享与科技资源共享效益的内涵，在分析了科技资源共享的收益和成本来源基础上，探讨了提升科技资源共享的效益的3条基本路径：① 增加科技资源共享创新形成的新增收益；② 降低资源共享成本以提高科技资源共享的净收益；③ 提高科技资源共享的管理水平来提升科技资源共享效益。这些方法对有效推动我国科技资源共享进步起到了良好的启示作用。

葛慧丽基于科技资源共享是一个庞大的系统工程，关系各个资源的利益相关者的协调，涉及法规建设、人才队伍建设、资金投入等问题，实施难度很大

2 科技资源共享的内涵、主体和机制分析

的现实,提出了政府作为国家大部分科技资源的拥有者和投资者,同时具备管理资源的行政权力。因此,充分发挥政府作用,可以有效推动科技资源共享活动的健康、科学、持续发展。

杨雅芬、张文德分析研究了我国科技资源共享信息渠道不畅通,并在分析科技资源和市场经济的内在联系的基础上,引入了"委托代理"经济学理论,通过采用有偿共享的方式,设计了科技资源共享信息中介的模型,来解决我国科技资源共享信息封闭、封锁等问题。

赵鹏提出,为了有效地执行有关科技资源共享的法律、法规及政策,建立一个科技资源共享管理机关与其他科技管理机关的职责相协调的高效管理机关,同时考虑科技资源共享多头管理模式的现实及改革路径。

曾茜、王卓昊、周明全提出了一种面向科技信息的资源共享服务平台设计方案,该平台采用混合式的P2P体系结构,由资源汇交系统、资源目录服务系统、资源加工处理系统和日志系统4个子系统组成。该资源共享服务平台对科技共享资源的集成和共享服务发挥了重要作用,同时也为其他以科技资源共享为基础的项目提供了软件运行的基础。

张铁男、陈娟通过研究表明,确立以"政策为导向,利益为纽带"的共享机制,可以充分调动主体共享积极性,同时通过完善科技资源共享管理体制的建设,合理的配置科技资源,重视建设科技资源共享平台,营造良好积极的共享环境。

2.5.2 促进科技资源共享的主要机制

科技资源共享是一项复杂的系统工程。从不同的角度和层面,都可以提出多方面的共享机制。本书重点从系统整体角度和宏观层面,分析促进科技资源共享的4项主要机制。

(1) 各方主体共同参与的协同机制

对于资源共享的主体,要重点建立各方积极参与的协同机制。科技资源共享在宏观层面涉及供给、服务、需求和管理4个方面主体,各类主体中还可以具体细分多种不同类型的组织机构,如机构资源单位、资源用户、政府主管部门、社会等,在共享过程中有整合、协作共用、服务、管理监督与评价等多种

共享行为。

共享的过程,是共享参与各方权利、责任、义务的再分配和转移的过程。如果权利、责任、义务的合理再分配和转移实现不了,共享相应环节缺乏协调,机制不畅,共享就难以持续。因此,推动这个复杂的系统运行,实现资源共享的有效落实,从宏观和微观层面都需要建立各方参与的协同机制。

共享主体的协同最重要的是实现政府和市场的协同。科技资源具有经济和社会的双重价值,科技资源难以整合共享的根本原因在于资源双重价值最大化的冲突没有得到有效协调,政府等科技资源共享管理者推动资源共享的目的是实现科技资源的社会价值,科技条件资源的社会价值需要通过政府宏观引导和协调争取最大化。而一般的资源拥有者、需求者需要获取或利用科技资源的经济价值,其经济价值的最大化,则需借助市场机制的调节。合理的定位政府与市场在科技资源共享中的角色,明确供给、服务、需求方的责任和义务,是推动科技资源共享工作的前提。

(2) 以信息化为手段、以平台为主要依托、以需求为牵引的资源整合机制

针对资源共享的客体,要形成各类科技资源分级分类的资源整合机制。对科技资源开展整合,实现科技资源逻辑上的相对聚集和信息化、标准化,有利于降低科技资源共享的成本,是促进科技资源共享的重要方式。

科技资源整合以信息化建设为重要抓手。科技资源共享的过程,首先都是信息的共享和获取,之后才能进一步实现实物、人力、财力资源的共享。信息化使得科技资源能够大幅度扩大共享的范围,使得科技资源向全社会开放共享在技术上变得可能。信息资源的非竞争性和非排他性,使得信息资源是公共产品的天然载体。也正因为上述原因,在我国推进国家科技基础条件平台建设时,就明确提出了"通过信息共享带动实物资源共享"的理念。以信息化手段开展科技资源整合,需要搭建科技资源共享的网络信息环境,引导科技资源元数据信息的汇交聚集,同时还要加强科技信息资源的数据挖掘,增加有效科技信息资源产品的供给。

科技资源整合特别是整合公共科技资源要以共享平台为主要依托。平台有利于实现物质和信息资源的集中化、共享服务人才的专业化以共享服务模式标准化,能够保障资源质量和服务的水平,同时有效降低资源共享的成本。推进

2 科技资源共享的内涵、主体和机制分析

科技资源共享的重要措施就是根据工作的定位、服务对象、整合的科技资源，打造机制模式相适应的资源共享平台。共享平台模式是近几年国内外大力倡导的资源共享模式，以平台为核心，形成资源共享信息中心，并通过平台主动性资源主体提供共享服务，提高共享效率。

科技资源整合应以需求为牵引。只有能够满足需求，才能充分发挥资源的价值，避免无目的、盲目的资源整合。需求即来源于国家科技、经济、社会发展过程中面临的关键问题，也应善于从行业、企业和广大科研工作者的创新过程中去征集和提炼。

(3) 以利益为核心的内生动力机制

科技资源共享是复杂的系统，内部驱动力是共享系统长期稳定运行的最主要的因素。因此，科技资源共享系统内部必须形成强大动力机制，这一机制的核心就是要在共享过程中保障科技资源拥有者、使用者、服务者和需求者各方的核心利益。研究各方在科技资源共享过程中的利益诉求，切实保障各方利益。

好的资源配置方式，是通过对权利义务的合理界定，以各相关主体利益的调整，刺激各主体的积极性，增加参与者的利益，从而使资源配置达到最大化，并带来高效率。要通过对科技条件资源所有者、占有者、科技条件中介服务者、科技条件需求与使用者的利益调整，尊重、平衡资源所有者、经营者与使用者的利益，建立资源利益分配制度，保障资源共享各方的合法权益，在降低资源共享的交易成本基础上，提高共享效率。

按照兼顾效率与公益性，谁开放、谁受益，谁服务、谁受益，谁使用、谁受益的原则，制定科技条件资源共享过程中所得收益（成本费、管理费、使用费等）分配的规则。要解决资源共享的效益（包括经济效益和社会效益）和公平的问题。既要鼓励资源管理者和资源所有者的开放与竞争，还要采用一定的措施，形成一个投入与贡献的利益相对平衡，使平台所蕴藏的能量和潜力得到最大限度的发挥和释放，提高内部动力。

(4) 以完善共享政策制度环境、搭建科技资源共享公共服务体系为重点的保障机制

尽管内部动力决定了科技资源共享是否可以长期开展，但是正如前所述，外部环境是促使动力机制形成的重要因素。特别是在具有公共产品性质科技资

源的共享过程中，产权不明晰等体制机制问题及市场失灵等因素，导致科技资源共享的实现必须要得到政府的大力推动。因此，政府对于科技资源共享的保障机制就成为必不可少的外部环境要素。

在当前环境下，政府加强对科技资源共享的环境保障，需要政府部门加快转变职能，深化科技体制改革，从科技资源的分配主体逐步转为科技资源配置规则的制定者、配置过程的监督者和配置绩效的评估者；由科技资源共享的管理者更多转向科技资源共享公共服务的提供者。加强保障资源共享的信息网络平台和基础设施建设，积极开展共享战略、规划、计划的研究发布，推进建立法律法规、政策、管理办法相互协调配合的共享制度体系，引导共享人才队伍的培养壮大，加强对科技资源共享过程的监督、评价和奖惩激励，改善科技资源共享利用的土壤与环境。

3 科技资源共享中的公共服务研究

3.1 公共服务与科技公共服务

3.1.1 公共服务

(1) 概念

公共服务有广义和狭义之分。

狭义的公共服务是指能使公民的某种具体的直接需求得到满足的服务，包括衣食住行、生存、生产、生活、发展和娱乐的需求。这些需求可以称作公民的直接需求。狭义的公共服务不包括国家所从事的经济调节、市场监管、社会管理等一些职能活动，因为这些政府行为的共同点，是它们都不能使公民的某种具体的直接需求得到满足。

广义的公共服务是指使用公共权力和公共资源向公民所提供的各项服务。马庆钰从政府职责角度，认为公共服务主要是指"由法律授权的政府和非政府公共组织以及有关工商企业在纯粹公共物品、混合性公共物品及特殊私人物品的生产和供给中所承担的职责"。也有学者认为，公共服务就是提供普遍的无差别的服务，主要是政府花钱或由政府主导花钱向社会提供公共产品和服务。本书研究的公共服务功能更多的是指广义的公共服务。

(2) 分类

公共服务可以根据其内容和形式分为基础公共服务、经济公共服务、公共安全服务、社会公共服务。基础公共服务是指那些通过国家权力介入或公共资源投入，为公民及其组织提供从事生产、生活、发展和娱乐等活动都需要的基础性服务，如提供水、电、气，交通与通信基础设施，邮电与气象服务等。经济公共服务是指通过国家权力介入或公共资源投入为公民及其组织即企业从事经济发展活动所提供的各种服务,如科技推广、咨询服务及政策性信贷等。公共安全服务是指通过国家权力介入或公共资源投入为公民提供的安全服务,如军队、警察和消防等方面的服务。社会公共服务是指通过国家权力介入或公共资源投入为满足公民的社会发展活动的直接需要所提供的服务。社会发展领域包括教育、科学普及、医疗卫生、社会保障及环境保护等领域。社会公共服务是为满足公民的生存、生活、发展等社会性直接需求,如公办教育、公办医疗、公办社会福利等。

(3) 概念辨析

1) 公共服务、私人服务与社会公益性服务

以教育和医疗卫生等专业性服务为例。在现代社会中,这些服务的提供可以来自3个方面:即由营利性的私人企业使用私人资源提供的私人服务;由非营利的社会组织使用社会资源提供的社会服务;由公共组织机构使用公共权力与公共资源提供的公共服务。可见,判断一种服务是否属于公共服务,关键在于其提供方及其所使用的权力与资源的性质。所以,在现代社会中,所谓公共服务就是指使用公共权力和公共资源向公民(及其被监护的未成年子女等)所提供的各项服务。例如,教育服务本身只是特定专业性服务,使用了公共权力或公共资源所提供的教育服务才是公共服务,而为了个人牟利使用私人资源所提供的教育服务或私立教育是营利性的私人服务,而非营利社会组织使用来自捐赠等渠道的社会资源所提供的教育服务或所办的公益性学校则是非营利性的社会公益性服务。所以,不应将教育等专业性服务本身笼统地看作是公共服务或非营利的社会公益性服务。虽然同是教育服务,但这3种不同类型服务的性质是不同的:公共服务体现的是公民权利与国家责任之间的公共关系;私人服务体现的是以货币可支付能力为前提的私人牟利追求与消费者之间的市场关系;而社会公益性服务则体现的是部分社会成员的善意与志愿精神同特定社会群体之间的社会关系。

2) 公共服务、公共行政与公共管理

公共服务不同于公共行政。公共服务是有国家行为介入的一种服务活动,而公共行政则是以国家行政部门即政府为主体的一种权力运作。公共服务可以使公民的某种直接需求得到满足,如教育和医疗保健。公共行政则是规范公民开展社会活动的行为及公民的其他间接需求。公共服务可以由公民根据个人需

要进行一定程度的选择，公共行政则要求公民必须接受。公共服务涉及人与人之间的关系是平等的，公共行政则是自上而下的等级式体制。公立学校和公立医院等是专门的公共服务机构，政府则是专门的公共行政机构。

所有涉及国家管理的行为与活动都在公共管理的涵盖范围之内。公共服务管理属于公共管理的组成部分。但公共服务管理与公共行政管理是不同的，是两种不同性质与形式的公共管理。例如，对公办教育或公立学校的管理属于公共服务管理，但政府对教育的执法与行政管理则属于公共行政管理。

3.1.2 科技公共服务

科技公共服务（有学者称之为公共科技服务）是面向科技创新活动的公共服务供给，是以政府为主导对科技创新资源进行整合、配置、利用，为高等院校、科研机构、科技企业、政府部门及社会公众，提供系统、便捷、高效的与科技活动有关的公共服务。科技公共服务的核心点包括两个方面：一方面是满足公众和机构参与科技活动的各种共享需求；另一方面是利用各类科技资源，加工生产公共产品并对外服务。

科技公共服务主要包括科技资源服务、科技创新服务、科技管理服务等。科技资源服务主要是为科技创新提供相关的物质资源和信息资源服务，涵盖各类科技活动相关的科技资源包括自然资源、实验材料、仪器设备、科研设施、研发基地等物质资源和科技基础数据、科技期刊、专利标准、科技管理等信息资源。此外，还包括以这些信息资源为支撑的决策信息支持系统。科技创新服务主要是政府及其下属的相关科技服务机构、企事业单位为科技创新企业、科研院所等提供的社会化科技创新服务活动，包括科技信息查询和专题科技咨询、仪器设备共用和行业检测服务、委托研究、技术转移和科技创业孵化服务等，为企业科技创新开展检索、查询、研发、设计、实验、测试、试制、中试等活动提供设备、仪器、场地、咨询、认证和技术指导等专业性服务的各类社会化服务。科技管理服务主要是指政府为科技创新及其相关产业活动所制定的科技创新战略、政策法规、技术标准、知识产权保护服务，为促进科技创新所进行的观念创新与引导、组织管理、经费投入、人才培养、项目管理等服务活动。

谢丽娇、徐善衍认为，面向公众的科技公共服务是政府职能转变后的重要职责，是指在以公众自身的科技需求为导向，以保障公众享有科技成果和参与科技事务的权利为主旨，以提升公众科学素质、推动社会科学发展为目标，以政府为主导，包括企事业单位、社会团体（协会、学会）、社区及公民多主体参与提供的公共科技产品和服务。在分析公共科技服务的基础上，进一步对如何构建公共科技服务体系进行了探讨，提出公共科技服务体系是指面向公众的与科学传播与普及紧密联系，以公众的公共科学需求为基础，以全面提升公民科学素质为核心，以政府为主导包括多种主体提供科技服务，进而保障和实现公众科技权利，实现公众共享公共科技成果的制度和系统的总和。

秦艳则通过具体分析美国、德国等国家的案例，认为科技公共服务体系已被发达国家视为国家创新战略的重要组成部分。

3.1.3 公共服务供给

（1）公共服务的消费者、生产者和提供者

与公共产品的供给类似，公共服务也有消费者（需求者）、生产者和提供者。

公共服务的消费者是直接获得或接受公用服务的个人、组织或全体。具体而言，公共服务消费者可以是个人，也可以是政府部门、私人组织、外贸企业或国有企业等，还可以是特定区域内的所有人，或者是拥有共同特征的社会阶层，如穷人、学生、农民和少数民族人员等。

公共服务的生产者组织生产公共服务。这种生产者既可能是政府部门，也可能是市民志愿组织、私人组织和非营利机构等，有时甚至是生产者自身。

公共服务的提供者或称安排者指派生产者给消费者，或指派消费者给生产者，或选择公共服务的生产者。公共服务提供者通常是政府部门，但志愿者组织或消费者自己也可能是公共服务的提供者。

在公共服务的供给和消费过程中，生产者和提供者这两个角色之间常常有本质的区别。对于许多公共服务而言，政府本质上提供者，决定什么服务应该由集体提供、为谁提供，以及提供到什么水平、投入水平和付费方式等。然而，虽然政府要决定哪些公共服务应该由政府提供，但这并不意味着这些公共

3 科技资源共享中的公共服务研究

服务都必须依靠政府雇员、由政府部门直接组织提供，完全可以在政府的安排下依靠私人组织提供，私人组织可以作为公共服务的生产者。

总之，公共服务的生产者和提供者既可能是相同的，也可能是不同的。因此，公共服务的生产和消费过程中出现了消费者、生产者和提供者等多种角色，可以使公共服务的供给形成多种不同的制度安排。

(2) 公共服务供给的类型

一是公共提供。它是指政府无偿向消费者提供公共服务，以满足社会大众的公共服务需求。对于消费者而言，他们可以无条件地获得这些公共服务的消费权，而不需要付出任何代价或者报酬。一般，提供纯公共产品的公共服务采取此种方式，如国家安全、外交、基础研究等。

二是市场提供。它主要由相关组织通过市场向消费者提供，一般情况下提供者通过收费收回成本，并形成一定的利润。在这种方式下，公共服务的提供可以采取竞争的方式，但一般会受到政府的管制，同时提供者自负盈亏。一般而言，采取市场提供方式的公共服务具有准公共产品特征。常见的主要有属于公用事业范围的水、电、煤气、公交等供给，以及电信、邮政等服务。

三是混合提供。它是指以成本价格为基础，通过政府补贴向受益人收取一定费用提供公共服务。混合提供具有如下特点：① 成本和价格基本持平，是一种非营利提供方式；② 收回成本一部分靠向受益人收费，另一部分由政府补贴；③ 该方式适用于有明确的受益人，且受益人通过消费能获得一定利益的公共服务。混合提供是公共服务供给的基本方式，常用于教育、医疗、体育、广播电视等领域的服务供给。

再从生产者角度对公共服务的生产者进行分类，可以分为公共生产和私人生产。公共生产是指用于公共服务的产品由政府部门及下属单位生产。私人生产是指用于公共服务的产品由私人组织生产。组合起来有6种不同的类型（表3.1）。

表 3.1 公共服务的生产提供分类

生产	提供		
	公共提供	市场提供	混合提供
公共生产	公共生产、公共提供	公共生产、市场提供	公共生产、混合提供
私人生产	私人生产、公共提供	私人生产、市场提供	私人生产、混合提供

从公共生产的角度看，一是公共生产、公共提供。即由政府依靠公共财政支出，直接投资并组织公共服务生产，然后无偿地向社会提供，如国家安全、外交、气象等就属于这种类别。二是公共生产、混合提供。即由政府组织公共服务生产，并通过收费方式向社会公众提供。这种收费不以营利为目的，只是对成本进行必要的补偿。目前我国部分行政机关为公众提供的某些服务收取部分成本费用，就属于这种类别。三是公共生产、市场提供。即由政府组织公共产品生产，按赢利原则定价，并向使用人收费。通常具有垄断特征的私人产品，或者接近于私人产品性质的准公共产品，如煤气、水、电、电信、公共交通等在一定情况下采用这种方式进行生产和提供。

从私人生产的角度看，一是私人生产，公共提供。即由私人部门组织生产，通过政府采购方式由政府获得产品的所有权，并无偿地向社会公众提供公共服务，如某些公共工程的建设就是如此。二是私人生产，混合提供。即在政府相关的法规、行业政策和规划的指导和监督下，私人组织投资和组织生产，并由其自行向社会提供。一般而言，相当一部分的教育、医疗、文化等公共服务就是以这种方式提供的。三是私人生产，市场提供。对可收费的公共服务，可以采取这种方式提供。

（3）公共服务供给的可能方式

① 政府服务。政府服务是指政府向社会大众和组织直接无偿提供公共服务，政府同时扮演公共服务提供者和生产者两种角色。政府服务是公共服务供给的一种重要方式，国防、外交、气象、基础科学研究、农业技术的研究和推广、大型基础设施、社会科学研究等广泛采用政府服务方式。

② 政府出售。政府出售是指社会大众和组织直接从政府购买其需要的服务。这种情况下政府是公共服务的生产者，个人或组织是提供者。目前这种公共服务供给方式也应用得比较广泛。例如，我国把一些土地的使用权出售给房地产开发商、把某段河流的捕捞权出售给私人企业、把矿藏的开采权出售给某些公司等，这些都属于这种方式。政府可以用出售获得的资金开发其他项目，提供更多更好的公共服务。政府出售与政府为其提供的服务强行收费有明显区别。当政府直属企业因为供水、供电、供气、提供公共交通服务等而收费时，政府是直接向消费者收费，扮演了服务提供者的角色；但是在政府出售中，消费者是服务提供者。

③ 政府间协议。政府间协议是指一个地方的政府购买其他地方政府的公共服务。后者是服务的生产者，前者是服务的提供者。例如，一个地区没有学校，为了提供教育公共服务，一种办法是自己建立一所学校，还有一种办法是与相邻地区的政府达成协议，把本地区学生送到该地区接受教育，并向该地区支付一定费用。通过这种政府间协议方式，一个政府可以购买另一个政府辖区内的服务，避免重复建设，提升公共资源共享和利用的水平。

④ 合同外包。合同外包是指政府通过合同方式将某些公共服务的生产职能转移到私人企业或非营利组织，让其参与特定公共服务的供给，并由政府付费给生产者。在这种方式中，私人企业是公共服务的生产者，政府是提供者。

政府实施合同外包，首先要确定哪些公共服务可以对外承包。一般而言，不可收费或很难收费、难以营利的公共服务，如抢险救灾、治安维护、环境保护、垃圾处理、公共卫生保障、河道清理和维护等均可以采取合同外包方式。实际上，除了少数涉及国家安全和利益的纯公共服务需要由政府直接生产外，大量的公共服务都可以通过合同外包方式交由私人组织生产，通过政府采购方式提供公共服务。目前，政府采购合同外包方式在许多国家和地区得到了非常广泛的应用。例如，美国政府使用的绝大多数装备和设备，甚至非常敏感的军事装备和设备都通过合同外包给私人企业生产，政府部门需要使用的办公桌、计算机、汽车等都是从私人企业采购的。

合同外包有多方面的优点：一是通过招投标的方式引入竞争，使多个生产者之间相互竞争，可以改变由单一生产者即政府垄断部门供给公共服务的局面，给低效率的生产者形成市场竞争压力；二是有助于对新的公共服务需求及时做出反应，提升政府的服务水平；三是可以大大降低甚至摆脱政治等因素对公共服务供给的不当干预和影响，增强公共服务供给的公平性；四是可以不受政府部门规模大小的制约，实现规模经济。

采用合同外包方式提供公共服务，必须具备一定的条件。首先是该服务的质量要求或标准比较明确；其次是该服务领域易于进行竞争性招标，而且风险较小；再次是该服务具有相对独立性，不与其他服务发生紧密联系，易于对合同外包过程进行管理；最后是该服务的对外承包不存在法律障碍或受到现有合同的约束。

实施合同外包，并不意味着政府提供公共服务责任的降低，政府必须承担一系列的责任：一是外包成本的核算及绩效标准的制定；二是承包商的甄选；三是外包过程的监督和管理；四是风险的控制与分担。

⑤ 特许经营。特许经营分为排他性特许和非排他性特许两类。所谓排他性特许，是指政府将垄断经营权即特许经营权给予某一私人企业，该企业在政府的价格管制下，在特定领域提供公共服务，并准许其通过向用户收费或出售产品回收投资并赚取利润。非排他性特许是指政府将特许经营权给予多个私人企业，出租车行业即是如此。在特许经营方式下，政府成为公共服务的提供者，私人组织成为生产者，消费者向生产者支付费用。

特许经营与合同外包也有明显的区别，合同外包中政府向生产者支付费用，特许经营中消费者向生产者支付费用。政府特许经营方式特别适合于诸如电力、天然气、自来水、污水处理、固体废弃物和有害物质处理、电信、港口、机场、道路、桥梁及公共交通等可收费公共服务的提供。这些服务大多属于传统的自然垄断行业，具有资源稀缺性、规模和范围经济性等特点，采取特许经营方式可以避免政府直接生产带来的效率低、服务质量差等问题。

⑥ 补助。补助是指当政府认为某些公共服务的社会收益与私人提供者私人收益之间不对称时，可以有选择地对提供这些公共服务的企业给予经济资助，以确保这些公共服务能够得到有效的供给，实现全社会公共福利的最大化。

补助方式可以细分为多种类型，包括补贴、津贴、优惠贷款、无偿贷款、减免税等。在补助方式下，公共服务的生产者是私人企业或非营利组织，政府选择特定的生产者提供补助，消费者选择特定的生产者购买服务，政府和消费者是公共服务的共同提供者，都向生产者支付费用。

补助方式是对生产者的补贴，在一定程度上它把消费者的选择权限定为接受补助的生产者。补助方式可以适用于多种公共服务领域和行业，特别适用于那些赢利性不高或只有在未来才能赢利、风险大的公共服务。目前经常运用的补助领域有：对高新技术产业和企业给予税收优惠，对下岗工人、退伍军人和残疾人开办的个体经营商店给予补助，对高危行业给予一定补助，对招募残疾人就业的企业和单位及供水、供气企业给予补助等。

⑦ 凭单。凭单是针对特定公共服务，对特定消费者群体实施补贴，是补贴消费者，使其在市场上可以自由选择其需要的服务。凭单分为直接和间接两

类。将食品券直接发给穷人，让他们自己到商店购买食品，属于直接方式；对于低收入家庭，政府帮助其租住房屋，个人选择所租房子，然后由政府部门按月付款给房主，属于间接方式。

凭单方式和补助方式有显著差别，补助是对生产者补贴，政府和消费者共同选择生产者；凭单是对消费者补贴，消费者在市场上自由选择其需要的公共服务，消费者独自选择生产者。

凭单方式的运用也需要一定的条件：一是人们对服务的偏好普遍不同，而且公众认为这种多样化的偏好和需求很合理；二是该服务的消费具有有效的排他性，可收费；三是存在多个相互竞争的服务供应主体，而且该服务领域的进入成本很低，只要有需求，潜在的服务提供者就能很容易进入；四是消费者对市场有充分了解，关于服务成本、质量等方面的信息比较容易获得，对接受谁的服务有较强的选择能力；五是该服务比较便宜，消费者需要频繁购买。一般而言，凭单方式不适用于纯公共服务的供给，主要可以应用于那些具有排他性和显著正外部效应的公共服务。

⑧ 自由市场。自由市场是指人们在市场上自由交易，购买自己需要的产品和服务，它是服务供给的最基本方式。从原理上讲，一切私人产品及俱乐部产品和服务，包括衣、食、住、行、医疗、教育等都可以采用这种方式供给。每个人可以根据自己的偏好和需求选择所需要的服务。在自由市场方式中，生产者是私人企业，消费者安排服务和选择生产者，是服务的提供者和消费者。在此过程中，政府的基本职责是规范市场交易行为和制定服务标准。相比较而言，在这种方式下政府的介入程度低，发挥的作用非常有限。

⑨ 自我服务。自我服务，也称为自助服务，是公共服务供给的另一种重要方式。自我服务是以会员性的社会组织或特定区域内的社区等为主体，以自我动员和相互动员为方式，以互助互益为目的而提供的一种公共服务。在这种方式下，消费者既是服务的生产者，也是服务的提供者和消费者，集三种角色于一身。在自我服务方式中，家庭是人们在住房、健康保障、教育等方面最古老也最具有效率的自我服务组织，它为其成员提供了广泛而重要的服务，如对儿童和青少年的教育、对老人的赡养、对犯病亲属的照料、为未成年子女提供住房等，都属于这样的服务方式。

⑩ 志愿服务。志愿服务是通过志愿劳动、慈善组织等提供人们需要的服

务。在志愿服务这种方式中，志愿团体扮演服务提供者的角色。而服务的生产，既可以由他们自己直接完成，也可以通过雇用和付费给企业生产。志愿服务组织既可能是现有的，也可能是为提供特定的服务而创建的。创建志愿组织提供公共服务一般需具备这样几个条件：一是对服务的需求明确且持久；二是有足够多的人乐于花费时间和金钱提供服务；三是志愿团体拥有的技术和资源保证有能力提供这种服务；四是通过提供这种服务能实现志愿团体的目标，达到精神上的满足。

（4）公共服务供给方式的特点

对各种公共服务供给方式的比较，可以从如下 10 个方面进行，分别是：服务的具体性、生产者数量、效率和效益、服务规模、成本与收益的关联性、对消费者的回应性、应对腐败和欺骗行为的能力、经济公平、对政府指导的回应性和政府规模。

① 服务的具体性。它是指该服务能否被清晰地描述，能否形成相对一致和明确地对服务内容和服务质量的要求。如果某项公共服务能被具体和清晰地描述，原则上可以采用任何方式予以供给。现实中，部分公共服务的质量很难被清晰界定，在这种情况下，通过广泛地监测、严密地控制、加强消费者与生产者之间的信息交流、促进生产组织过程中上下层的紧密合作等多种措施，可以改善供给效果，提升有效供给水平。

② 生产者数量。对于部分公共服务而言，该领域的进入相对比较容易，已有的和潜在的生产者可能很多。也有些公共服务，或者由于需要大量投资，或者由于存在其他进入障碍，已有的和潜在的生产者会比较少。生产者数量上的差别会直接影响公共服务供给方式的选择，一般而言，只有在存在或者可能存在比较多生产者的情况下才能选用合同外包、自由市场和凭单等方式。

③ 效率和效益。对于任何公共服务，都必须考虑供给效率、效益和公平性。提升效率和效益，其决定性的因素是竞争。如果某种公共服务供给方式中包含的竞争性越强，消费者的选择权越大，服务效率和效益往往会越高。一般而言，如果有足够多的生产者可供选择，自由市场、合同外包和凭单最有利于形成竞争，采用这些公共服务供给方式的效率和效益会比较高。相比较而言，特许经营、补助、政府间协议、政府出售和志愿服务等几种方式也可以带来一定程度的竞争，但竞争的激烈程度比较弱，效率和效益可能不太高。政府服务

多以无竞争和不受管制的方式运营,这种情况下官僚机构具有的低能力和低效率等内在特征会表现出来,效率和效益可能会比较低。

④ 服务规模。一般情况下,服务规模会影响服务效率,当然不同的服务其最佳规模也不尽相同,这与服务及服务过程的特点密切相关。在各种公共服务的供给方式中,除政府服务、自我服务和政府出售外,其他供给方式允许生产者规模独立于提供者规模,生产者可以追求规模最优化,实现规模经济。再从实现规模经济的可能性看,政府间协议比政府服务更具可能性。但是由于受现有行政区划和行政管辖权等方面的限制,政府间协议又不如合同外包和凭单更具可能性。相对而言,合同外包和特许经营最具实现规模经济的可能性,因为当生产者的规模小于需求时,所在地区会被划分为两个甚至多个独立的部分,每个部分达到最佳规模;反之则特许经营者或合同外包商可以向邻近地区出售服务,实现最佳规模。

⑤ 成本与收益的关联性。如果成本与收益之间的联系非常直接和紧密,会促进消费者理智消费,提升服务效率和水平。一般而言,只有私人产品、部分准公共产品的成本与收益之间存在直接联系。由于自由市场、凭单、补助、特许经营等方式中消费者直接向生产者购买服务,成本和收益的关联性高。另外,某些志愿服务也具有这一特征。

⑥ 对消费者的回应性。消费者与生产者之间直接联系,还会提高生产者对消费者服务需求的回应水平,使生产者能更好满足消费者的需求。在公共服务的各种供给方式中,由于自由市场、凭单、无合同的志愿服务、补助、特许经营和自我服务等的服务消费者也是提供者,消费者与生产者之间存在直接联系,对消费者的回应性更强。

⑦ 应对腐败和欺骗行为的能力。公共服务供给过程中是否会受到腐败、欺骗等行为的直接影响,是选择公共服务供给方式的重要考虑因素之一,如果其容易受到腐败、欺骗等行为的侵蚀,不仅会败坏道德,而且会提高服务成本。一般而言,合同外包、特许经营、补助等都比较容易受行贿、共谋、索贿等腐败行为的影响,凭单容易受伪造、盗窃、出售和非法收购等行为的干扰。相比较而言,政府服务和政府间协议受到的影响小,这方面更优。

⑧ 经济公平。某种公共服务供给方式能否向消费者提供公正和公平的服务,即经济公平性,是选择公共服务供给方式必须考虑的因素之一。要分析经

济公平性，首先要讨论市场机制是否是公平的，主要是看所有用户是否受到公平的对待，同一产品或服务每人是否须支付同样的价格。因此，凭单、补助、合同外包、政府间协议和政府服务等都可以被政府部门运用作为公平的方式供给服务。

⑨ 对政府指导的回应性。公共服务实际上被作为一种工具用于实现政府的目标，但是不同的公共服务供给方式实现这一目标的程度显著不同，政府服务、政府间协议、特许经营、补助、合同外包等方式可以更好地做到这一点。

⑩ 政府规模。不同的公共服务供给方式，对政府雇用人数和政府规模的要求自然不一样。显然，政府服务安排下政府规模最大，自由市场、特许经营、志愿服务和自我服务的政府规模最小，合同外包、补助和凭单只要求政府管理服务而非生产服务，对政府规模的要求相对而言也比较小。

归纳上述分析可以发现，各种公共服务供给方式的特点有显著的差别，有些对生产者的数量要求比较高，有些则相对较低；有些应对腐败和欺骗行为的能力比较弱。从市场化供给公共服务的角度分析，在公共服务的10种供给方式中，有7种方式的生产者是私营部门，即合同外包、补助、凭单、特许经营、自由市场、志愿服务和自我服务，其余3种方式即政府服务、政府间协议和政府出售的生产者是政府。对这10种方式按照市场化程度进行分类，市场化特征最明显的放在最高端（表3.2），反之摆在最低端。

通过表3.2可以看出，第一，自由市场、志愿服务和自我服务的市场化程度最高，因为这几种方式中政府介入最少。第二，特许经营。尽管纯粹的特许经营方式不需要政府直接支出，但政府是公共服务的提供者。第三，凭单、补助和合同外包。在这些方式中，人们接受公共服务的自由选择权依次下降，政府支出依次上升，如在补助和凭单方式中，政府只支付部分成本，而合同外包中政府要支付全部成本。第四，政府出售，尽管政府出售中政府是生产者，但是它依赖于市场机制。第五，政府间协议之所以被置于政府服务之上，是因为政府间协议涉及具体界定和购买某项服务，更具有市场导向。

表 3.2 按市场化程度对公共服务供给方式的排序

生产者	供给方式	市场化程度
私人及私营机构	自由市场、志愿服务、自我服务	市场化程度由上而下逐渐下降
	特许经营	
	凭单	
	补助	
	合同外包	
政府	政府出售	
	政府间协议	
	政府服务	

表 3.2 表明，各种公共服务供给方式的由上向下，意味着公共服务的供给更多依靠社会和民间组织特别是市场，更少依赖政府。也就是说，公共服务供给方式由下向上转变的过程就是民营化和市场化的过程。所谓公共服务市场化，可以概括为如下几个特征：一是由政府服务向合同外包、补助、凭单、特许经营、志愿服务和自由市场等转变；二是取消对生产者的补助，代之以凭单、志愿服务和自由市场安排；三是尽可能放松对特许经营的管制，取消价格控制和进入障碍，尽可能通过市场安排来满足人们的需要；四是对政府提供的私人产品和俱乐部产品实施使用者付费制度。

3.2 政府在建立完善科技资源共享机制中的作用和公共服务

3.2.1 政府在科技资源共享中的地位分析

葛慧丽认为，政府作为国有科技资源的投资者和拥有者，又同时具备行政权力。充分发挥政府作用，可推动科技资源共享活动的科学、健康、持续发展。政府对科技资源共享进行统筹规划、宏观调控，建立科技、教育、财政部门的科技资源共享协调机制，明确科技资源共享的目标、原则；调整科技资源建设、保藏和利用等相关部门、机构之间的复杂关系，明确各自的权利、义务和分工。郑长江等认为，政府主导科技资源共享管理过程是提高科技资源共享的制度交易效率的保证，政府在科技资源共享管理中的主导作用体现在：一是科技资源共享制度的主要供给者；二是国有科技资源组织内和组织间共享管理的主导者；三是科技资源共享的监控和评价；四是提供重点领域的科技资源共享；五是营造有利于科技资源共享氛围。

政府在全社会的科技资源共享方面应发挥主导作用：一是我国各级政府部门是公共财政投入的主体，是国有科技资源的投资者和拥有者。而国有科技资源的开放共享恰恰又是全社会资源开放共享的重点。二是科技资源共享本质上是实现科技资源共享社会效益的最大化，对于提高创新生产效率、促进经济社会发展有重要作用，各级政府是科技资源共享最大的受益者。三是科技资源共享涉及方方面面，实施难度很大，政府拥有丰富的行政管理资源和权利，且具有为社会提供公共服务和发展保障的职能。因此，政府必然要担负起科技资源共享主导者的责任，切实推进科技资源共享规划的实施。

实现科技资源共享的关键是建立和完善多方协同、资源整合、利益驱动和环境保障的四大机制。多方协同机制和利益驱动机制是政府和市场及相关主体联合或共同作用形成的，资源整合机制和环境保障机制是以政府为主来推进实施的。建立和完善科技资源共享机制需要政府主导和市场机制的协调配合。政府加强统筹规划、宏观调控，开展顶层设计和制度建设，并组织推进和监督管理，积极主动地构建科技资源共享机制。市场机制主要靠价格杠杆和市场规律影响科技资源共享。在市场机制作用下，科技资源共享活动中的资源需求、供给及服务主体分别以实现自身经济利益最大化为目标自行进行决策，决定科技资源是否共享、如何共享、共享成本如何分担及共享收益如何分配等问题，从而使得科技资源优先在能产生更高边际共享收益和共享成本较低的领域共享，自然而然地实现科技资源共享效益最大化的目标。政府在科技资源共享中的主导作用还体现在政府要充分考虑市场机制对科技资源共享的决定作用，尊重各方利益，并积极营造科技资源共享流动的市场环境。

3.2.2 政府推进科技资源共享的主要任务

（1）加强科技资源开放共享的战略方向的制定和引导

制定国家科技资源开放共享的规划，明确科技资源开放共享的战略路径。

3 科技资源共享中的公共服务研究

推动我国科技资源开放共享公共服务从资源整合为主的供给导向向以应用服务为主的需求导向转变;从各自为政的探索尝试向自上而下设计与自下而上资源集成结合转变;从政府直接提供向政府、市场与社会力量共同提供转变。同时,要处理好三大关系:一是处理好政府与市场的关系,政府主要负责制度供给及文化氛围培育,市场的功能在于提升共享收益和降低共享成本;二是处理好中央与地方的关系,国家部委负责区域间科技资源整合共享,地方政府负责区域内科技资源的整合和共享;三是处理好保护与开放的关系,按战略性资源和应用性资源进行资源分类,加强对战略性资源的保护,防止商业机构对资源的滥用。

(2) 强化科技资源开放共享的主体协调和组织保障

加强科技资源开放共享的宏观统筹,形成中央各部门、中央与地方之间分工协作的组织体系,是推进科技资源开放共享的重要保障。一是建立健全国家层面科技资源开放共享的决策机制和高层专家咨询机制,加强对科技资源开放共享的重大事项进行决策和把关。二是建立部门之间、中央地方之间、军民之间科技资源开放共享的协调会商机制,加强对各自管理和拥有的科技资源的对接沟通和信息分享。三是设立专门机构对科学仪器设备等科技资源的购买和引进进行宏观调控,对有关实验研究项目实施监督。要求拥有大型仪器的科研院所对设备利用情况和科学研究进度定期上报,组织专家对其研究成果进行评审;对同类型仪器设备统一备案,避免科研实验设备的超需求重复采购;对于规定时间内未取得研究成果或仪器设备闲置不用的科研机构,可强制性地将有关设备转往其他急需单位等。四是建立专门的科技资源共享管理平台。鉴于我国学科门类的复杂性,要想实现区域范围内的科技资源共享,就必须建立一个专门的资源共享平台,专门负责搜集和整理国内外各种科技资源的分布和使用状况,并根据密级划分对全国不同的科研机构和公众人员开放。五是加快培育科技资源中介服务机构,充分利用市场的力量推动科技资源开放共享。

(3) 推进各层次、各种类型的科技资源共享平台建设

我国在国家层面建设了科技基础条件平台,省级部门相应建设了地方科技条件平台,这为降低社会科技资源共享成本提供了良好的物质和制度基础。当前的重点是要在现有国家和地方平台建设的基础上,进一步优化布局,完善共

享机制，构建支撑科技创新的平台体系。一是重点加强围绕前沿技术、战略性新兴产业、民生领域的平台建设和布局，特别是提升新能源、电子信息、生物医药、环境保护等战略性新兴产业领域的科技资源整合共享与服务水平。二是完善平台建设方式，在科技资源共享平台的建设中引入市场经济手段，以资源拥有者为主体进行平台资源建设，减少政府部门把持资源的状况，使科技资源的配置和积累有序进行，从而在整体上提高科技资源共享的质量。三是进一步提高各层面科技条件平台的社会化服务能力，促进平台社会化服务的公平竞争，促使各种类型的平台科技资源能够被各创新主体高效使用。四是实现部门、地区和行业平台的加盟互动，从以前以政府搭建资源整合平台的模式，转变为以平台为中心，通过部门、地区、行业已有平台加盟国家科技基础条件平台的方式，快速形成全国范围的科技资源共享平台。

（4）建立科技资源开放共享信息服务网络

一是建立全国范围内的科技资源开放共享目录，凡是由国家科技计划、知识创新工程、985工程等国家财政支持形成科研设施和仪器设备必须明晰其产权归国家所有，形成共有资源，加入共享范围；由国家科技计划支持而产生的科研数据及科学数据库也必须强制共享，以减少科技资源的低水平重复，使得科技信息资源成为真正的公共物品，便于全社会共享。二是以多种方式鼓励各部门的科学数据和科技资源对外开放，以促进各部门之间的科技资源共享。三是通过行政引导、利益调控等手段形成健全有效的共建机制，积极鼓励国家与地方合作，通过联合资助、风险共担等方法推进科研机构共同开展科学研究，消除封闭和条块分割。四是鼓励科研单位之间、高校之间及科研单位及高校之间相互合作，减少重复，最大限度地做到科技资源的合理、有效利用。五是利用现代信息技术，建立便利畅通的信息服务系统，尤其是要利用网络的优势使研究人员能够方便快捷地查询自己所需要的资源。

（5）完善科技资源共享的政策法规体系建设

一是充分用足用好现有法制资源，特别是要充分利用宪法和《科技进步法》中与科技资源共享直接或间接相关的内容。二是加强研究制定国家层面专门针对科技资源开放共享方面的法规，建立健全规章制度体系，通过法规进一步明确科技资源共享的内容和标准，界定科技资源共享的机制、程序、责权利等内容，确实把科技资源开放共享纳入有法可依、有章可循的轨道。三是加强

3 科技资源共享中的公共服务研究

地方立法。目前,广东和山西太原等地围绕促进科技资源开放共享进行了立法尝试,取得了较好效果。各地要根据本地的具体情况和实际需要,大胆探索,积极进行科技资源开放共享的地方立法工作。在全国统一立法有困难的情况下,通过地方试验性立法可以大大降低立法风险。

(6) 健全科技资源开放共享的经费投入机制

在科技资源共享的制约因素中,经费投入不足也是一个突出问题。一是逐步加大财政科技经费的投入力度,重点加强对战略性、公益性科技资源建设和开放共享的支持;二是建立科技资源开放共享的多元投入机制,发挥财政资金的引导作用,鼓励动员全社会力量和民间资本等多种形式参与科技资源开放共享;三是创新财政支持方式,从以项目支持为主向以基地和平台稳定支持为主转变,同时以对外提供共享服务的质和量作为财政补贴的依据,并许可在一定范围内收取仪器设备维护和保养费用,调动资源拥有者的积极性,从而实现科技资源需求与供给的相对平衡,实现需求方和供给方的双赢。

(7) 大力营造有利于科技资源开放共享的氛围

目前的科技资源拥有单位,无论是科研院所还是企业及科研人员本身对科技资源开放共享的价值认识不充分。科技资源共享不仅仅是科技界的事,更需要全社会的关心和参与。国家要鼓励科技资源拥有者积极探索多种途径的共享活动,并推广共享的成功经验;媒体要大力宣传科技资源共享的社会价值,倡导共享精神,营造资源共享的社会氛围,高等学校、科研院所要积极引导科研单位和科研人员在更加开放的环境中搞研究。

3.2.3 推进科技资源共享中政府应提供的公共服务

在政府推进科技资源共享的上述主要任务中,有一些是政府的行政行为,如各部门的组织协调等,其中有很大一部分涉及政府与科技资源占有者、服务者、需求者的直接服务,这些服务均可视为公共服务。

政府在推进科技资源共享中应提供的公共服务,可以根据服务与对象的关系,分为直接服务和间接服务两类(表3.3)。

表 3.3 科技资源共享中政府主导供给公共服务的生产执行与实现

分类		具体内容	服务的对象	公共产品的主要生产者	公共服务的主要执行者	服务实现的方式
直接服务	信息类科技资源服务	数据、文献、技术成果、软件、网络开发环境等	资源需求者	高校、科研院所、专业机构	高校、科研院所、专业机构	政府通过奖补、政府采购等支持服务开展
		元数据类型的信息资源	资源共享的各类主体	高校、科研院所、企业和专业机构	政府及其委托的专业服务机构	政府汇交元数据，免费开放
		资讯型的信息资源	资源共享的各类主体	资源共享的各类主体	政府收集及单位自行发布等，免费开放
	实物类科技资源服务	科学仪器、科研基础设施、自然科技资源等	资源需求者	高校、科研院所、专业机构	高校、科研院所、专业机构	政府通过奖补、政府采购等支持服务开展
	技术类科技资源服务	共性技术推广、检验测试、计量等	资源需求者	高校、科研院所、专业机构	高校、科研院所、专业机构	政府通过奖补、政府采购等支持服务开展
	专业技术人才培训	人才专业技能培训	资源需求者	高校、科研院所、专业机构	高校、科研院所、专业机构	政府通过奖补、政府采购等支持服务开展
	管理评价类服务	网络信息平台的建设	资源共享的各类主体	高校、科研院所、专业机构	政府及其委托第三方专业服务机构	政府支持建设，自身或委托第三方专业机构运行
		资源共享的评价监测	资源共享的各类主体	高校、科研院所、专业机构	政府自身或委托第三方专业服务机构运行	政府及其委托的专业服务机构直接组织
		交流宣传及管理人才培训	资源共享的各类主体	高校、科研院所、专业机构	政府自身或委托第三方专业服务机构运行	政府及其委托的专业服务机构直接组织
		科技资源调查	资源共享的各类主体	高校、科研院所、专业机构	政府自身或委托第三方专业服务机构运行	政府及其委托的专业服务机构直接组织
间接服务	政策制度类服务	规划编制	资源共享的各类主体	政府及其委托的专业服务机构	政府	政府发布
		政策法规及标准制定	资源共享的各类主体	政府及其委托的专业服务机构	政府	政府发布

直接服务是政府直接为科技资源占有者、服务者、需求者提供需要的资源和服务。根据服务产品类型，又可分为信息类科技资源服务、技术类科技资源服务、实物类科技资源服务及管理评价类服务。间接服务主要是指通过营造环境间接为资源共享者提供服务，主要包括政策制度类的服务，包括规划政策编制等。

政府在科技资源开放共享中提供的信息类科技资源服务是指为解决科技资源的信息不对称，对科技资源的类型、结构、获取方式等的信息及需求的信息进行综合加工并分别传递给科技资源占有方、服务方和需求方。

技术类科技资源服务是对于资源共享中共性技术产品，政府作为提供者，将资源向科技资源共享的主体共享，如检测、网络技术等。

实物类科技资源服务包括科研设施的共建共用、自然科技资源等的服务。

管理评价类服务包括对科技资源共享信息门户平台建设，科技资源共享的评价、服务的监测及权益保护、科技资源共享的交流宣传、管理人才的培训及科技资源调查等基础性工作等。

政策制度类服务包括科技资源共享规划的编制和修订、科技资源共享相关政策、办法及标准的制定和修订等。

3.2.4 科技资源共享中政府公共服务的供给方式

（1）政策类、管理评价类公共服务的供给方式

政策类公共服务在一定程度上具有行政管理的色彩，原则上只能由政府作为主体来提供，只能采用政府服务的方式。但是，在规划政策研究编制上，政府可以委托研究单位开展先期研究提出草案。管理评价类的公共服务可以由政府直接开展或采取合同外包的形式，委托有能力的社会机构开展。

（2）实物类、部分信息类的公共服务供给方式

在各类科技创新资源中，科技文献、科学数据、科学仪器设备和自然科学资源等的收集、管理和服务属于科技创新基础设施建设范畴，具有公共产品特征，应该由政府作为责任主体保障其有效供给。

相比科技创新活动，科技文献、科学数据、科学仪器设备和自然科技资源等的公共产品特征具有自己的特点。首先，一般情况下，科技文献、科学数据、科学仪器设备和自然科技资源等的消费具有非竞争性和排他性特点，属于

可收费的科技公共服务；其次，科技创新过程中获得了什么样的科技文献、科学数据、科学仪器设备和自然科技资源等方面的服务，相对而言容易测度和评价，具有公共服务具体性强的特点；最后，科技创新资源不仅要强调建设和拥有，更要重视利用。这些科技资源的供给必须关注科技创新资源供给对消费者的回应性，必须关注效率和效益，必须强调成本和收益的直接联系，必须关注实现规模经济。因此，科技文献、科学数据、科学仪器设备和自然科技资源等可以采取政府服务方式，即由政府部门或直属单位直接为各类科技创新活动供给资源，也可以采用特许经营、合同外包、补助、凭单等方式鼓励与供给，还可以通过政府间协议方式提升科技创新资源的利用率和规模经济水平。

特许经营、合同外包、补助和凭单等方式可以广泛应用于政府主导的科技资源的供给。既可以采取合同外包方式将科技文献、科学数据和自然科技资源等的收集、管理和服务承包给私营组织；也可以对愿意提供科技文献、科学数据、科学仪器设备和自然科技资源等支持其他个人和组织开展科技创新活动的私营组织给予补助；还可以通过对开展科技创新活动的个人和组织发放凭单，允许和鼓励其利用私营组织拥有的各种科技创新资源；进一步地，还可以采取特许经营的方式，将技术和产品性能检测和鉴定、质量认证等工作交由私营组织完成，支持其供给科学仪器设备等方面的资源。另外，还可以利用政府间协议方式，支持开展科技创新活动的个人和组织不仅能利用本地区政府拥有的科技创新资源，还可以利用其他地区或其上级、下级政府拥有的资源。

相比单一的政府服务方式，在政府主导的科技资源供给上广泛运用特许经营、合同外包、补助和凭单等方式，可以增加资源使用者的选择权，显著提升全社会各类科技创新资源的运用效率和效益，扩大资源利用的规模经济水平，提高成本和收益的关联度，增强对消费者的回应性，从整体上提升科技公共服务水平。

（3）技术类公共服务的供给方式

开展科技创新活动需要教育和培训、科技金融、信息、技术开发、技术转移、创业孵化、管理咨询等多种科技创新服务，虽然它们的公共产品特征有所不同，政府在这些科技创新服务供给中承担的责任有所不同，但是总体而言政府都必须承担一系列的责任，提供科技公共服务。在这些科技公共服务的供给中，政府可以采用的方式比较多，包括政府服务、合同外包、补助、凭单、自

3 科技资源共享中的公共服务研究

由市场和志愿服务等。

根据各类科技创新服务具有的公共产品特征的强弱程度不同，政府部门可以采用不同的方式提供科技公共服务。如教育和培训服务、金融服务及管理咨询服务等，可以采取补助和凭单等方式；科技信息服务、技术开发服务、技术转移服务和创业孵化服务等既可以采取政府服务方式，也可以采取合同外包、补助、凭单和自由市场等方式。

目前，我国企业技术创新过程中广泛需要科技信息、技术开发、技术转移和创业孵化等多种服务。由于我国科技创新服务业的总体发展水平不高，多数科技创新服务机构建设处于起步阶段，依靠市场机制无法有效满足企业的需求。这种情况下，政府部门为大力支持企业技术创新，主要采用政府服务方式，通过建立政府直属的科技信息服务中心、生产力促进中心、创业服务中心等为企业提供服务，这在过去一段时间为加快提升企业技术创新能力发挥了重要作用。但是，目前科技信息、技术开发、技术转移和创业孵化等各种服务中单一的政府服务方式的弊端也日益显现，企业需要的多种服务缺失、服务水平不高、效率低等问题越来越突显。

为此，在这类科技公共服务的供给上，一是要大力支持发展和壮大一批民营科技创新服务机构，尽快改变目前有关科技信息、技术开发、技术转移和创业孵化等服务主要由政府提供的状况，形成多元化的科技创新服务格局。二是在支持科技创新服务机构的建设和发展上，加快改变目前以补助方式为主的局面，更多地运用凭单方式，给需要科技创新服务的组织和个人发放凭单，支持其选择和接受科技创新服务机构提供的科技创新服务。一方面提升科技创新组织运用科技创新服务的积极性和能力；另一方面通过需求拉动方式支持科技创新服务机构的发展。三是可以加快改变目前的补助发放主要针对政府直属的科技创新服务机构的状况，广泛采用补助和凭单等方式支持私营科技创新服务机构的发展。

(4) 其他需政府和市场相结合供给的科技创新资源

在各类科技创新资源中，人才和资金不具有显著的公共产品特点，应该由政府和市场相结合进行供给。在这些资源的供给中，政府主要通过制度安排和政策制定，支持利用全社会的力量建立完善和高效的高素质科技创新人才教育和培养体系及科技金融服务体系，保障开展科技创新活动的个人和组织能获得其需要的人才和资金。政府提供这方面的科技公共服务，一方面必须加强鼓励创新的体制、机制和文化建设；另一方面可以采取补助、凭单等方式，支持和促进高素质人才教育和培养体系及科技金融服务体系的建设。

相比科技文献、科学数据、科学仪器设备等科技资源的供给而言，科技创新人才和资金的供给更具有服务的具体性差的特点。因此，在支持科技创新人才教育和培养体系及科技金融服务体系建设过程中，政府提供科技公共服务既要注意利用补助的方式，对人才教育和培训部门、支持科技创新的金融部门直接给予补贴，更要注意利用凭单方式支持科技创新部门提升吸引人才和利用科技创新服务体系的能力，通过需求拉动方式增强科技创新资源的供给能力和水平。

3.2.5 政府购买公共服务推进科技资源共享的研究分析

《中共中央关于全面深化改革若干重大问题的决定》提出，要"推广政府购买服务，凡属事务性管理服务，原则上都要引入竞争机制，通过合同、委托等方式向社会购买"。这是我国第一次将政府购买公共服务提到国家改革的层面，将其作为深化行政体制改革、加快政府职能转变的重要内容。

（1）政府购买公共服务的概念

政府购买公共服务本质上是指政府将一些适合社会力量承担的事务性公共服务职能从自身剥离出来，交给社会组织承担，由其向公众提供公共服务，政府则向社会组织支付相应费用，由此，政府由公共服务的生产者转变为公共服务的决策者、出资者和监管者。通常政府所购买的服务，并不是为了满足政府日常职能活动所需要，而是为了履行其向公众提供公共服务的职能，因而服务的直接享受者并不是政府而是社会公众。

（2）政府购买公共服务推进科技资源共享的必要性

首先，科技资源共享过程中有大量的公共服务。例如，网络基础环境的搭建，信息资源和部分实物资源的整合、保藏与供给，科技资源共享的管理评价等。一方面，由于缺乏专业人才队伍、内生动力缺乏等原因，政府自身提供的公共服务从数量和质量上都无法满足社会公众对科技资源共享公共服务日益增长的需求。另一方面，科技资源共享的公共服务涉及高校、科研院所的主体，资源的占有权并不属于国家，同时还包括部分私有化的科技资源。因此，科技资源共享过程中的公共服务需要政府之外的社会机构参与。

其次，政府购买公共服务有利于改善公共服务的质量和效率。科技资源共享的目的并不是为了整合与共享，而是为了让创新主体可以方便高效地利用科技资源，实现资源的合理配置，因此，服务是科技资源共享的重要部分。相对而言，政府及高校、科研院所面对社会的服务能力相对较弱，在一定程度上存在服务的低效性。政府购买公共服务通过竞争的方式筛选合适的专业机构，这种机构相对于政府来讲，专业服务能力强，更加贴近市场了解了科技资源共享的实际需求。因此，可弥补政府提供科技资源共享服务的低效性。

最后，服务型政府本身的需要。根据新公共管理理论，政府的主要作用在于"掌舵"而不在于"划桨"。政府购买科技资源服务在一定程度上解放了政府，使其作为决策者和监督者更好地发挥其服务效用。

总之，当前人民群众急剧增长的社会公共需求与政府公共服务供给不足之间的矛盾是我国政府管理中的突出矛盾。随着我国经济社会的发展和人民收入水平的提高，社会公众的公共服务需求日益多样化、复杂化，但政府提供公共服务的垄断与低效使其难以满足公共服务需求。因此，变革公共服务提供方式是解决我国公共服务供给不足、加快建设服务型政府的有效途径。通过政府购买服务，可以使政府集中精力提供自身具有优势的公共服务，做好公共服务的政策规划、标准制定、资金预算、绩效管理等方面的工作，提高公共服务的公平性和公正性。同时，也可以引入竞争机制，提高公共服务的质量，降低政府行政成本。而且，由社会力量提供的公共服务，也会大大减少政府寻租和腐败的机会，有利于服务型政府的建设。

(3) 政府购买科技资源共享公共服务的方式与内容

政府购买公共服务，并不是说所有的公共服务都可以通过政府购买来实现。政府购买的公共服务一般是那些准公共产品，也就是说如果由政府直接生产，其效率不高或供给不足，这时才可以采用政府购买的方式，让私人部门来提供。科技资源源于其对科技创新的基础性作用，部分具有社会准公共产品的特性，可以采取政府购买服务的形式。

广义上讲，政府购买公共服务的方式主要包括合同外包、补助或凭单等。具体解释见本章 3.1.3 节。

① 合同外包一般需要政府与服务机构签订相关协议，规定开展服务的范

围、内容、收费标准及政府如何支付等内容。合同外包并不意味着政府要先支付费用，也可以事中或事后拨付。根据竞争的程度，合同外包可以划分为竞争性购买与非竞争性购买两种。在竞争性购买中，合同双方都是独立的决策主体、有明确的公共服务购买目标，并且进行公开的竞标；竞争性购买采取"最低价格"或者"最优价值"中标原则，其主要优点是具有成本约束机制，可以有效地防止腐败，降低政府采购成本。在非竞争性购买中，买卖双方都是独立的决策主体，两者间也形成契约关系，但购买公共服务主要是通过委托方式来进行的。非竞争性购买主要分为协商模式和合作模式两种：协商模式是指政府部门主动邀请有一定声望的民间机构撰写服务计划书，政府部门根据服务计划书选择合适的机构进行协商谈判，共同确定服务方案；合作模式是指政府部门和民间机构建立合作关系，共同研究合同内容和服务方式。

② 补助通常不需要签署协议，通常在服务完成后，根据服务情况给予一定的补贴。在一些政府购买公共服务中，服务数量或成本不易估测，难以形成相对明确的外包合同，此时，适于采用补助的方式。补助的形式有资金、免税或其他的税收优惠、低息贷款、贷款担保等。在政府补助方式中，生产者是私人企业或社会组织，政府选择特定的生产者给予补助，消费者选择特定的生产者购买服务。

③ 凭单是政府发给居民的公共服务消费凭证，可使居民凭券在市场上自由选择补贴的公共服务或物品。其使用往往并不限定具体的服务机构，但可以指定提供服务的群体，具体服务者由消费者自行选择。凭单在西方国家广泛运用于教育、食品、住房、医疗服务、运输、幼儿保健、家庭护理、老年项目、娱乐和文化服务等领域，如教育券、食物券、医疗补助券、幼托券、老年券等。凭单制的优点有很多：鼓励消费者理智消费并通过讨价还价以同样的资金购买更多的东西；可以在服务机构间形成竞争，有利于服务成本的降低和服务品质的提升；与现金补助相比，能更好地帮助那些真正的弱势群体，能让纳税人觉得其所交的税收发挥了真正的作用。

(4) 国家和地方各级政府购买科技资源共享公共服务的现状

从国家层面来看，科技部、财政部等多部门共同推进了国家科技基础条件平台建设。在一些管理评价类、政策制定类的公共服务方面，诸如，科技资源共享信息门户建设与运行、科技资源调查、科技资源共享标准建设、科技资源共享平台绩效考核和管理及科技资源共享政策规划的研究等，政府即科技部、财政部委托国家科技基础条件平台中心提供上述公共服务。国家科技基础条件平台中心性质上是科技部直属事业单位，是独立的事业法人，但某种程度上可以视为专业的第三方机构。国家科技基础条件平台中心每年编制工作计划和预算上报科技部、财政部，部门审核通过后，以计划管理费和专项业务费的名义下拨资金。我们可以将其视为政府通过定向委托合同外包的方式购买公共服务。服务内容是面向科技资源共享各类主体的管理和政策类服务。

同时，国家"十一五"立项建设了数十家国家科技基础条件平台，2011年以后先后认定了其中23家国家科技基础条件平台，并开展平台运行服务年度绩效考核，依据绩效考核结果进行奖励补助。在绩效考核方面，按照"以用为主、开放服务"的原则，以提供共享服务的"质"和"量"为核心，结合财政支出绩效评价管理要求，研究制定了基础条件平台绩效评价指标。"十二五"以来，中央财政共计对通过认定的23家国家科技基础条件平台给予奖励补助经费10.59亿元。对于这种支持，实际上是政府通过后补助的方式购买了平台单位面向用户提供的实物、信息等类型的科技资源公共服务。国家科技基础条件平台中心起到了第三方评价的作用。

从地方层面来看，各地也建设了一批推进科技资源共享、提供创新支撑的科技公共服务平台（表3.4）。其中，上海、黑龙江等地也建成了专门管理运营省级平台信息门户系统的机构。政府除了通过定向委托事业单位等机构开展管理政策类的公共服务、通过补贴购买具体平台的实物、信息等类型科技资源公共服务外，江苏、上海等地还开展了对用户的补贴，同时探索了创新券等支付凭单的方式。2012年9月，江苏省宿迁市出台了《市政府办公室关于印发宿迁市科技创新券实施管理办法（试行）的通知》（宿政办发〔2012〕194号），对管理机构及职责、资金来源及创新券形式、支持对象与方式、申请与发放、兑现程序与要求及绩效考核等做了专门规定。2013年2月，江苏省宿迁市又以市长办公会议纪要的形式，进一步明确了奖补类科技创新券的使用与管理规定。2013年10月，上海研发公共服务平台与浙江省长兴县开展了"科技创新券"的跨区域试点工作。针对长兴县科技型企业创新资源缺乏、创新动力不足的特点，充分利用上海市研发资源，满足长兴企业在研发过程中的技术需求。据统计，科技创新券涉及金额233万元，惠及233家企业。

表 3.4 地方对公共服务平台代表性的支持方式

序号	地方	重点支持的平台	对象范围	支持方式	支持重点内容	办法措施
1	北京	首都科技条件平台	领域中心、研发实验服务基地、区县工作站	补贴	服务绩效	《首都科技条件平台绩效考评实施细则(试行)》
		中小企业公共服务平台(经信委)	法人单位建设和运营,为中小企业提供各类公共服务的机构	拨款补助、立项支持	平台建设;平台服务场地租赁支出和专项服务经费支出;中央财政的地方配套支出	《北京市支持中小企业公共服务平台资金管理实施细则》
		海淀区公共技术服务平台(海淀园管委会)	园区内开展科技资源技术服务的企事业单位	补贴、奖励	服务和创新方面的奖励配套	海淀促进公共技术服务平台建设专项资金
2	浙江	重大科技创新服务平台	科技基础条件平台、行业科技创新平台、区域科技创新服务平台	项目支持	平台建设过程中的关键仪器设备、软件等添置费用的匹配	《浙江省行业和区域创新平台建设与管理试行办法》
		技术创新服务平台	面向产业联合共建的	分档补贴	绩效评估	《浙江省重大科技创新与成果服务评估指标(试行)》
3	上海	专业技术服务平台	依托一家单位的专业服务机构	项目支持		
		企业用户		补贴	服务合同	
4	江苏	科技公共服务平台	按功能:科技基础条件平台为主的公共技术服务平台。按组成方式:多单位共建或有多个功能子平台的网络化公共服务平台和具有单一功能的单一性公共服务平台	立项建设	科技资源的采集、整理和购置设备、工具及计算机软件等	《江苏省科技公共服务平台管理办法》《江苏省级科技创新与成果转化(科技服务平台)专项引导资金管理办法》

3 科技资源共享中的公共服务研究

续表

序号	地方	重点支持的平台	对象范围	支持方式	支持重点内容	办法措施
5	湖北	科技基础条件平台	支持为科技创新活动提供自然科技资源、科技信息、科学数据、大型科学仪器等基础公共服务的科技基础条件平台建设及运行	立项支持	平台建设费、基础平台运行维护费、条件资源项目研究费、项目管理费	《湖北省科技条件平台专项资金管理办法》
		公共科技创新平台	支持为区域、产业集群或特色产业基地提供共性技术开发、检测、设计、培训等支撑条件与服务的技术创新平台建设			
		科研条件资源建设	支持实验动物、科研用试剂、科学仪器自主创新等科研条件与资源研究开发项目			
6	黑龙江	中小企业公共服务平台（工信）	指依托产业集群、工业园区或中小企业集聚区建立，满足中小企业共性需求，由为中小企业提供信息、产品设计、研发试验、检验检测、技术推广、技术咨询、创业辅导、人才培训、市场开拓等服务的一个或几个独立实体组成的，具有开放性、资源共享性的服务组合	项目支持		《黑龙江省中小企业公共服务平台认定扶持办法》

(5) 政府购买科技资源共享公共服务的发展方向

由上可知，目前国家和地方各级政府在购买科技资源共享公共服务方面开展了积极的探索与实践，取得了一定的成效。但总体来看，政府购买科技资源共享公共服务方面，与国外在购买科技公共服务及国内在教育、医疗、民生等其他领域购买公共服务相比，还存在购买模式单一、购买公共服务范围不明确、政府购买公共服务的合格承接主体偏少、购买服务的环境不健全等问题，这些也是下一步政府购买科技资源共享公共服务的发展方向。

首先，要进一步丰富政府购买公共服务的模式。国家层面除了现有的模式以外，要探索创新券、合同外包的形式。特别是要研究根据国家区域和产业发展的战略导向，结合企业等创新主体的共性需求，通过设置专题服务合同，采取竞争性的方式直接向高校、科研院所及企业购买具体的科技资源服务，增强中央财政资金的靶向性。同时，还应深入研究各类采购模式与具体服务内容、对象及承接主体之间的关联和适用性，根据不同的公共服务内容、承接主体的特点确定不同的市场化与社会化方式，通过最合理的方式实现政府对公共服务的购买。

其次，要准确界定政府购买科技资源共享公共服务的范围。尽管我们分析了科技资源共享中公共服务的类型和内容，但是落实到实践中，还需要政府认真梳理科技、经济和社会发展的共性需求，组织凝练政府购买科技资源共享公共服务具体范围、指标等内容。同时，政府购买科技资源共享公共服务的范围是有时效性的，随着社会的发展和技术的进步，公共产品的属性（如是否是共性需求，是否具有非竞争性、非排他性及是否存在市场失灵等问题），可能会发生变化，公共产品和公共服务的具体内容也会随之发生变化。因此，政府有必要定期发布科技资源共享公共产品及服务的目录，明确公共产品的范围。

再次，要进一步培育政府购买科技资源共享公共服务的合格承接主体。这与科技服务业的发展有着紧密的联系。当前，竞争性的合同外包采购公共服务相对较少，除了一些公共服务难以量化描述考核外，与目前承接公共服务的合格主体相对较少、难以形成有效的竞争氛围有很大关系。竞争环境的缺失，不利于降低科技资源共享成本、提高共享效率、减少共享中腐败的可能性。培育政府购买科技资源共享公共服务的合格承接主体，一方面，要培育开展管理政策类服务的专业机构；另一方面，也要培育直接开展信息类、实物资源类公共服务的专业服务机构。培育政府购买科技资源共享公共服务的合格承接主体，应与促进科技服务发展和事业单位改革的宏观背景相结合，加快培育与发展从事科技资源共享服务的社会组织；加大政策倾斜力度，政府要通过优先注册、资金扶持、税收优惠、优先采购等政策培育发展社会组织。加强社会组织标准化建设，完善社会组织法人治理结构，提高其运营能力与公共服务能力。

最后，要营造政府购买科技资源共享公共服务的机制环境。

合理确定购买公共服务的定价机制。科技资源共享的关键是利益的共赢。市场机制的核心是价格杠杆。政府采购合同管理的关键是合理的定价。政府购买公共服务涉及的项目众多，不同项目的成本构成比较复杂，需要根据物价水平、居民收入状况、财政支付能力等因素进行综合定价核算，总的定价原则是不以盈利为目标但又要维护公共服务供应者的利益，以盈亏平衡或微利为标准。

要进一步研究制定相应的政策法规，在《政府采购法》和《市政公用事业特许经营管理办法》等法律和规章制度基础上，国家应进一步完善政府购买科技资源共享公共服务的规章制度体系，并有针对性地出台采购公共服务的原则、标准与程序规范，明确把科技资源共享公共服务纳入政府的集中采购目录。地方政府可出台具体管理办法，对购买的基本原则、购买主体、购买方式、购买流程和部门职责做出规定，加强政府购买公共服务监督管理。

3.3 第三方机构在科技资源共享公共服务中的作用分析

3.3.1 第三方机构的概念及参与公共服务的必要性分析

"第三方机构"是相对于"甲乙双方"之外而言的，如物业管理机构能够作为业主和房地产商之间的"第三方机构"。从公共服务的角度，第三方机构也被认为是不属于第一部门（政府）和第二部门（市场）的其他所有组织的集合。

现实社会之所以需要第三方机构的存在，是为了弥补市场手段和政府手段"双失灵"的需要。一般认为，市场在提供私人物品方面具有优势，它有利于提高资源配置的效率，而在提供公共物品方面，市场则往往因"搭便车"问题而失灵。这时，就需要政府这只"有形之手"来克服市场失灵，提供公共物品，解决"搭便车"问题。但是，政府在提供公共物品方面也存在失灵的情况，原因在于其远离社会底层的官僚体制对社会需求的迟钝反应，以及标准化的供给公共物品难以满足不断变化和个性化的需要而导致供应不足或浪费，同时还因其垄断性而使资源配置效率不高。在这种情况下，具有非营利性和自愿性特点的第三方机构就具有明显的优势，可以填补政府不能提供的物品和服务的缝隙。同时，第三方机构的民间性和草根性，使其更贴近服务对象，更了解服务对象的需求，能够更灵活地对服务的需求做出弹性反应，满足他们的多样化和个性化的需求。

3.3.2 科技资源共享中政府失灵和市场失灵

科技资源共享中政府失灵可能的来源有如下几点。

一是政府管理和服务成本的缺失。科技资源相对于其他资源来讲需要的技术性、专业性都很强，政府部门要想实施有效的管理和服务，必须在相关的技术领域、行业专业投入巨大的人力、财力、物力、精力，而相应管理和服务成本的短缺却往往使得实际执行成效缺失。

二是政府管理和服务能力与科技资源共享实际需求之间的信息不对称。除了政府管理和服务能力在科技资源共享领域的相对缺失以外，政府与科技资源共享需求之间的信息不对称，也直接影响了公共科技服务供给的质量。

三是政府管理与服务科技资源共享缺乏合适的激励机制。在科技资源共享方面对于政府的管理和服务还缺乏完善的绩效评估机制。做得好或不好对负责人员或单位来说影响不大，普遍奉行"无过便是功"的理念。这在一定程度上挫伤了相关人员和单位的积极性，滋长了得过且过的无为心态。

科技资源共享中的市场失灵是经常存在的，简单来说其原因包括公共产品的市场供应不足、外部效应的存在、垄断、信息不对称或失真及市场本身的功能缺陷等几个方面。

3.3.3 科技资源共享中的第三方

科技资源共享过程中涉及多方,包括科技资源共享的供给主体、需求主体、服务主体、管理主体。当前,我国科技资源共享工作的重点是推动分散、封闭在高校、科研院所的科技资源的整合共享。在这一过程中,管理主体是政府。供给主体,从资源的产权来讲,有很大程度上是国有,但是一方面高校、科研院所是资源的实际占有和支配者;另一方面在科技资源的价值中,往往还包含着高校、科研院所具体科技资源管理人员的劳动成果。因此,供给主体可以视为高校和科研院所。需求主体最重要的是产学研及各界的创新人员和机构。政府作为宏观管理方,我们可以将其排除在科技资源共享的具体过程外。因此,对于科技资源共享的具体过程,甲方就是资源的需求者——创新个人和机构,乙方可以视为资源的供给者——高校、科研院所,所谓第三方就是其中的中介服务方——科技资源共享的服务主体。

科技资源共享的服务主体有两大类。

一类是科技中介服务机构。这一类机构主要在具体科技资源包括实物资源、信息资源共享流动中发挥着重要作用。

科技中介服务机构是指面向社会开展技术扩散、成果转化、科技评估、创新资源配置、创新决策和管理咨询等专业化服务的机构,属于知识密集型服务业,是国家创新体系的重要组成部分。科技中介服务机构从功能上大体可以划分为3类:① 直接参与服务对象技术创新过程的机构,包括生产力促进中心、创业服务中心、工程技术研究中心等;② 主要利用技术、管理和市场等方面的知识为创新主体提供咨询服务的机构,包括科技评估中心、科技招投标机构、情报信息中心、知识产权事务中心和各类科技咨询机构等;③ 主要为科技资源有效流动、合理配置提供服务的机构,包括常设技术市场、人才中介市场、科技条件市场、技术产权交易机构等。

另一类是受委托承担部分管理职能的事业单位。严格来说,事业单位是我国传统的事业单位,不是独立第三方机构。公众也认为,这些事业单位就是政府的一部分。相对而言,上面的科技中介服务机构市场化色彩更强烈,而事业单位行政色彩稍浓。因此,这类机构在科技资源共享公共服务中承担了管理评价类的服务及政策制定类的服务。从长远看，随着事业单位的改革，相当一部分事业单位要逐渐与上一类趋同，变成专业化的服务机构。

3.3.4 第三方机构在科技资源共享公共服务中的作用分析

第三方机构在科技资源共享公共服务中起着至关重要的作用。它是实现科技资源共享过程的重要环节，在科技资源的整合、需求挖掘、市场培育和共享监管等方面都发挥着不可替代的作用。当前，我国科技资源共享工作的一大重点就是扶持和引导一批开展科技资源共享服务的第三方机构，其重要性可以从如下两个方面分析。

第一，从科技资源共享服务的具体实现来看。开展科技资源共享服务的难点在于共享服务的成功对接，现在很多地方的做法是由资源拥有方或者推动资源共享的政府职能部门作为承担和运作主体，但根据实际情况来看，目前这两者大都不具备这方面的能力。一方面缺少专业化人才和服务能力；另一方面缺乏配套的服务激励机制。因此，必须培育专业化的相关机构具体承担科技资源的经营活动，开展科技资源共享的市场化运作，打通对接环节。这种机构的功能定位主要是对内承担资源拥有方专业化管理、资源的调研分类、资源方的沟通协调等；对外负责宣传、客户资源维系和开拓、需求调研等市场化运营工作；在共享服务的实施过程中充当内部资源与外部市场间的桥梁角色，包括客户接洽、资源调度与结果反馈等。具体操作可以从以下两个方面入手：一是服务外包，从市场上寻找相应的中介服务机构；二是自身内部新建或从改造中产生。总之，把政府及资源拥有方做不好的那一部分交给"专业的人"来做，既可以打破资源各自为政、分割使用的局面，又可以解决政府及资源拥有方缺乏资源开放的精力、能力与动力的弊端。

第二，从与商家商业的类比来看。商人、商业机构是开展商品流通的主体，搭建了商品的生产者和消费者之间的桥梁。商家、商业机构是商业的主要依托载体。显然，商业在市场经济下的作用是非常巨大的。市场经济的实质是交换经济，在市场经济条件下，商业与市场的联系最为紧密。在我国现阶段，商业发展对孕育市场关系、完善市场机制及解决劳动力就业问题均有重要作用。

① 商业对生产者和消费者具有衔接和协调的作用。从现实经济活动中发现，生产者与消费者之间的连接障碍实际上已经成为市场供求失衡的一个重要

原因。生产者与消费者无法在价格上达成一致,原因之一在于他们之间缺乏一个缓冲和协调的市场主体。市场经济条件下,这个主体就是独立承担流通风险、降低交易成本的商业组织。他们是对最终交易价格最有发言权的市场力量,可以起到使供求价格趋于协调的衔接作用。市场经济要求经济资源的市场配置占主要地位,各种利益主体必须通过市场交换出售产品和获得资源。在商品流通过程中,谁越接近于消费者,谁就越能正确了解消费者,越能捕捉准确的需求信息。因此,商业对生产、消费起到能动的调节作用。

② 商业对劳动力的吸纳作用。充分就业是所有国家宏观经济的重要指标。中国是劳动力供给大国,在经济改革中,中国社会遇到的一大问题就是失业问题。在大量农村剩余劳动力涌入城市,同时城市人口就业压力不断加大的形势下,商业对劳动力的吸纳作用就显得尤为重要。

③ 商业对国民经济其他产业的推动作用。商业的发展对工业化进程和整个国民经济发展所产生的推动作用是不可低估的。随着制造业生产规模大、相对集约的趋势与消费购买量小、相对分散的特点,在商品空间、时间及具体品类、特色上产生的矛盾呈日益扩大之势。这就要求商业组织在规模、数量和质量上必须以一定速度增长以匹配工业、制造业高速增长的要求。某项产业能否顺畅地获得生产要素、销售产品,不仅关系到自身能否正常运转,而且还决定着相关产业链能否正常运转。在这种情况下,各产业之间及各产业与市场之间越来越需要专门的中介机构建立起高效、有序的协调机制,商业无疑是充当这一角色的重要力量。

④ 商业具有促进市场体系发育和完善的作用。商业是反馈消费者需求信息的第一道环节,最终产品的价格也是在商品市场上形成的,各类要素市场能否清晰无误地反映和折射需求并有效定价,在相当程度上,都取决于商品市场的价格机制是否具有及时性、准确性和效率性。因此,没有发育成熟、富有效率的商业体系和中介组织,就不可能有完善的市场体系。

而对于科技资源共享而言,科技服务的主体就是资源供给者和需求者之间的桥梁,第三方机构是科技资源共享中的"商业机构"。第三方机构的培育壮大对于科技服务业的发展,对于优化配置资源、健全市场环境下的科技资源配置和流动机制,进而推进创新体系建设,增强我国创新能力,实现创新驱动发展都有重要的意义。

4 国内外开展公共服务推进科技资源共享的实践分析

4.1 国外在推进资源共享的主要做法

4.1.1 注重科技资源共享的政策法规建设

美国、欧盟、日本、韩国等经济发达国家十分重视促进科技资源开放共享，在制定科技发展战略规划时，都将科技资源共享作为考虑要素之一，通过建立完善的法律体系、采取政府主导、政策引导、统筹规划等措施，实行"政府主导+统筹规划""法制化+规范化""监督+绩效考核"等多种形式的制度措施为科技资源共享提供有效保障。

美国法典规定了各联邦机构应对公众开放的信息，并对信息开发的内容做了详细的界定，在保障知识产权的同时最大限度地实现资源共享，美国已经建立了较为完备的法律体系来保障政府信息资源公共获取。美国的科技文献实行《强制性呈缴本制度》，该法要求每一种在美国出版的合法作品都要选一个最好的版本上缴两本给版权办公室，这种方式有利于实现对科技文献资源的集中管理，为科技文献资源的对外开放共享创造条件。

英国对图书馆科技文献资源的开放共享与服务进行了详细的规定，针对不同的情况做不同的规定。欧盟很多国家均对科技资源制定了严格的技术标准规范、规程，以加强科技资源的质量标准管理。

韩国有关部门则规定对政府资助购置的科研仪器设施要向社会开放，依据其向社会开放的业绩决定对其科研仪器设施运行费用的支持，同时对经过有关部门评议，对信誉度高、向社会开放好的科研机构在购置费方面予以优先考虑。

4 国内外开展公共服务推进科技资源共享的实践分析

日本《科学技术基本法》第 13 条指出，要采取必要措施促进科学技术信息处理的高度化、科学技术相关数据库的完善及研究开发机构间信息网络的构建，通过科技基础设施的建设为资源共享创造条件。第 18 条指出，国家采取必要的措施推动研究人员等的国际交流、国际性共同研究开发、科学技术信息的国际流通等与科学技术相关的国际交流等。通过国际交流与合作，实现科技资源管理人才、科技信息等国际科技资源的共享。

4.1.2 注重网络信息技术和信息化手段推进科技资源共享

美国在科技资源配置方面不仅注重科研经费的投入，而且十分重视科学数据库特别是超级资源库的开发。据估算，美国所拥有的科技数据库总量始终占据着世界总量的一半以上。美国的国家级数据中心采取"完全、开放、无偿"的数据共享政策，积极推进科学数据的流动和应用。为促进科技物力资源的开放共享，美国成立全美小企业管理局，为企业提供科技资源信息服务和技术指导；同时大力发展互联网和电子商务，扶持对新一代互联网及应用技术的开发，促进了美国科技信息资源的开放共享。美国科技门户（Science.gov）是一个网络化科技信息门户，是美国政府科技信息网和科技信息资源库的统一访问入口。美国科技门户采用了独特的搜索和导航检索技术，集成了 1700 多万科技网站信息，实现了 12 个主题及 175 个子主题导航，可以搜索 30 个深层数据库，以及 5000 多万科技网页信息，为美国科技发展提供了重要支撑（表 4.1）。

表 4.1 美国、德国、日本在科技资源信息化方面的措施

分类投入	美国	德国	日本
科技财力	加大财政投入建设科学数据库	预计投入 1.22 亿欧元建设科学技术设施及平台	进一步加大财政投入建设专用设施
科技人力	完善用人机制，管理机制，跟踪宣传	提供 9000 万欧元吸引优秀人才	无

分类投入	美国	德国	日本
科技物力	成立全美小企业管理局提供信息服务和技术指导	建设超高磁场实验室及大气研究和地理观测用科研飞机；建设正电子直线碰撞机、高密度高质量离子束加速器	制订 EJAPAN 计划，构建超高速因特网基础结构；建立电子交易新环境；实现电子政府
科技信息	大力发展互联网和电子商务；积极扶持对新一代互联网及应用技术的开发	开发源代码增强信息平台独立性；高度重视信息安全推广新的安全技术与 IT 企业合作开展安全技术趋势研究；大力研发密码技术和生物识别技术	创建知识集群计划、国立情报图书馆建设；提供全国大学图书馆收藏的学术图书的信息库，通过互联网实现相关服务；构筑高效的研究资源网络；文部科学省国立情报学研究所负责建设管理连接各大学等研究机构的学术信息网络 SINET

德国科技资源管理的信息化应用主要体现在德国政府重视对信息基础设施的建设方面。2006年，通过联邦教研部相关机构资助了当时欧洲计算速度最快的超级计算机 JUBL，有效整合了德国科技资源。

科技资源信息化过程中，日本实现了101个研究所与国外高级研究信息网络（APAN）的大容量高速数据交换，并利用1996—1999年完成政府信息网络改扩建工程，同时建成了拥有超高速光通信网，共设45个接点和5个专用设施。

4.1.3 注重多方协同推进科技资源共享

欧盟相关的研发计划具有"集中力量办大事"的特点，倾向于长期性、结构性投入，所支持的项目基本都是综合型的项目，通过来自不同国家、不同行业、不同类型的多家机构的共同合作来执行项目，最终达到"多赢"的目的。欧盟相应的科技资源共享工作参与主体广泛，通过网络互动合作，创新了科研模式，得到了企业（产业链上、中、下游的大型和中小型企业）、大学、

4 国内外开展公共服务推进科技资源共享的实践分析

研究机构、学术界、金融界等的积极响应和参与,形成具有产、学、研、金融、公共机构等的创新联盟,积极推动了欧盟各成员国、欧盟现有科研计划形成的科技成果等科技资源面向欧盟成员国开放共享,提高了科学研究的效率,加快科技创新的速度,使得相关成员国及各方受益。

美国联邦政府和地理空间合作伙伴推出了标准地理空间平台网站(www.geoplatform.gov)。该平台已经和美国联邦地理数据委员会(FGDC)的一些机构建立了合作伙伴关系。美国联邦地理数据委员会的代表由来自总统行政办公室、内阁、独立联邦机构内政部、环保机构及国家海洋和大气管理局(NOAA)等的人员组成。美国联邦地理数据委员会的任务之一是致力于美国国家地理空间数据标准的研究制定,以便使数据生产商与数据用户之间实现数据共享,从而支持国家空间数据基础设施建设。多年来美国联邦地理数据委员会根据行政管理和预算局(OMB)A16号通告和12906号行政命令,其各分委员会和工作组在与州、地区、地方、私营企业、非营利组织、学术界及国际团体的不断协商和合作基础上,研究出了关于内容、精度和地理空间数据的转换等标准,为支持美国国家空间数据基础设施(NSDI)的实施制定出了一批实用的国家地理空间数据标准。

4.1.4 注重科技资源共享中的价格政策和成本回收机制

信息和设施等科技资源提供共享的价格问题是信息流通和设施开放过程中的关键问题,根据信息与设施的类型和水平、用户类型或用户索取信息的目的,以及政府的预算拨款等多方面因素,各国政府对信息与设施共享的定价政策归纳起来主要有3种类型:①收取边际成本;②收取全部成本;③公私合作。

在信息定价中,美国联邦政府采取的是收取边际成本的方法,体现了提供信息共享的极大的福利化。欧洲国家则鼓励采用市场所能承受的最高成本或收回信息成本的方法。澳大利亚实行的是一种平均成本价转换政策。以英国为例,就科技成果向公众和社会共享而言,其核心理念是将研究成果尽最大可能推向社会,直接受益公众。因为公共投入而获得的科研成果,纳税人有权共享。

(1) 科学数据共享服务的收费政策

法国政府给予数据生产单位5年的合同保护期,以保护数据所有权,在保护期范围内,数据使用时需要向数据生产者交纳一定费用,其中包括了再生产、存储、打印、买卖等费用。

在德国,数据实行有偿提供,价格由数据的经济价值和发布成本决定,按法律、合同规则操作。此外,德国是由纳税人支付用于地理信息空间数据的搜集和维护的费用。

在英国,各私人机构是可以访问数据的,但是必须支付一定费用,从而保证政府从中获益用以支持进一步发展,其特点是试图通过出售的收入来支付数据生产费用,达到收支平衡。这些年英国也一直在追求基础性科学数据的免费共享。以英国气象局为例,社会公益性机构(如福利机构)可以获得优惠价格的气象数据(仅支付少量的成本费),对于科学家自由研究(指没有得到国家科学计划支持的研究课题)可以通过向英国气象局提出获取数据的申请,经批准后可以获得无偿服务,但对于国家科学计划支持的课题需要收费(具体做法是在科研经费申请中单独列支)。同样,普通公民也可以通过申请的方式获得部分免费的气象数据。

根据澳大利亚新西兰土地信息委员会的数据转换协议,联邦空间数据委员会制定了公益数据转换政策。按照该政策,公益数据应该以一般价格——相当于转换的平均成本的价格发布。数据转换成本是指将现存数据转换给另一个团体时所发生的费用,原始采集成本不包括在内。为满足特定用户的特殊要求,而对数据进行升级加工,需要支付额外的费用。

美国对于科学数据的管理与共享严格区分3种不同的运行机制,政策制度比较完善。一是对于有可能危及国家安全、有可能影响政府政务、有可能涉及个人隐私的数据和信息均纳入保密性运行机制中管理,并对这些内容给予十分严格和明确的规定。同时,参与这些数据及信息开发和管理的人员需要与单位签订保密协议,联邦情报局与各个单位安全主管负责对科学数据和信息的安全性执行情况进行检查。二是对国家所有和国家投资产生的、不会危及国家安全、影响政府政务、不会涉及个人隐私的全部数据和信息纳入"完全与开放"的运行机制管理。为了保障机制的运行畅通,国家建立了配套的强制性、鼓励性和奖励性机制。三是对私营企业投资产生的科学数据,纳入市场运行的管理

4 国内外开展公共服务推进科技资源共享的实践分析

体系。国家通过对开发证的批准、税收、反经济垄断等渠道加强管理。

（2）大型科学仪器的共享服务价格政策

美国关于仪器设施的共享开放，主要是《关于对高等教育机构、医院及非营利机构给予资助的统一管理要求》中有关仪器设备的管理规定及《联邦采购法》中的相关规定。相关具体规定：拥有用联邦政府经费购置仪器设施的项目承担方在不妨碍项目进行的条件下有义务向联邦政府部门所从事的其他研究项目开放，其优先顺序为首先满足给予购置该仪器设备资助的联邦政府部门的项目需要，其次满足其他联邦政府部门的需要。项目承担方若利用政府资金购置的仪器设施为非联邦政府部门和机构提供服务，必须要争得给予资助的联邦政府部门的批准。利用仪器设施提供对外服务的服务费价格不能低于私营机构所提供同类服务的价格，以免造成不公平竞争。对外服务所收取的费用被视为"项目收入"，应按"项目收入"的有关规定使用。

日本的大型仪器，只要向社会开放，基本上都是免费的，但根据使用目的，也进行收费。例如，独立行政法人国立健康营养研究所对其3套大型设备（HUMAN CALORIE METER、骨密度测定装置、运动设备安装研究设备）制定了"研究设施、设备相互利用等推进办法"，规定属于国、公、私立大学和研究机构的研究人员因研究需要，可以申请使用这些仪器，使用前需要提交"共同利用申请书"，并收取一定的电热费、数据分析人工费、专门指导费等。使用时，基本上都是通过该研究所的负责人进行。

英国重大科研仪器设施向社会开放的范围非常广泛，凡是具有下列条件之一者，均可以申请使用：一是英国所有的科研人员，包括来自于各研究理事会科研机构、CCLRC工作人员、研究理事会高级或资深研究会员（或类似资格人员）、皇家学会和皇家工程院会员；二是与CCLRC签订了相应使用合作协议的海外科研机构可以申请使用这些重大科研仪器设施；三是在欧盟第五框架计划（FP5）下，CCLRC设施接受来自国外的使用申请，使用的级别与欧盟同意资助的级别一致，欧盟的第六框架计划将继续使用这一机制；四是非欧盟国家或尚未签订使用合作协议的海外科研机构，也可以申请在CCLRC为世界级科学计划预留的时段内使用这些设施；五是商业合同制用户，根据与CCLRC签订合同的用户使用这些设施。上述有资格的科研机构和人员对重大科研仪器设施的使用申请，都需要通过设施使用工作组（FAP）的评估。FAP负责审批设施的使用申请，决定申请占用设施的时间。FAP 在审批过程中要考虑的因素主要包括：科学实验的高尖程度、时代程度、技术可行性、安全性等。FAP 还决定 CCLRC 需要发展的问题，每年评估设施的使用情况、每一设施的科学产出、新出现的科学主题和设施使用趋势。对于学术研究目的的科研活动，一经申请通过，科研人员可以完全免费地使用所有英国重大科研仪器设施。而且，CCLRC 除了给各科研活动配备相应的设备支持人员外，还负责承担相关科研人员的住宿、膳食和交通费用，为每个科研人员免费提供总额一般不超过 1000 英镑的科学实验用消耗品。CCLRC 规定，上述免费使用重大科研仪器设施的时间应占仪器设施总可用时间的 92% 以上。对于以营利为目的的科研活动，如企业或私人机构等使用英国国家重大科研仪器设施，申请使用者应承担自己的全部费用，还需向 CCLRC 每次再交纳 14 000 英镑的设施使用费。CCLRC 规定，此类使用者占用仪器设施的时间应不超过设施总可用时间的 8%。此外，CCLRC 还使用其自身的专家资源，对外提供科研服务，收取部分费用。

德国国家重大科研仪器设施原则上向所有科研机构及科学家开放。无论是德国的，还是外国的；无论是科研机构的，还是大学的科研人员，都可以申请使用国家重大科研仪器设施。申请使用国家重大科研仪器设施的必要条件是需要通过审批手续。国家重大科研仪器设施管理单位通常设在一个协调委员会，负责统一协调仪器设施的使用。以管理重离子加速器的重离子研究所为例，协调委员会由 12 名国、内外专家组成，对使用重大仪器设施的申请进行评估，并将评估意见通知管理单位业务负责人。管理单位业务负责人根据协调委员会的评估意见做出决定，并通知申请单位或申请者。同样，负责管理极地考察站、极地考察船、科研飞机的阿·瓦格纳极地研究所也设有一个协调小组，负责协调这些重大科研设施的统一使用，使用这些设施的申请由一个独立的机构进行科学评估。又如科学家要使用卡斯鲁厄研究中心管理的同步加速器辐射源，需要填写申请表，其内容包括项目名称、项目概述、项目经费来源、研究领域、所要求的辐射源运行条件、具体日期等。经该研究中心"国际科学委员会"审批同意后分配具体时间，供科学家使用。关于使用费用，目前尚未统一。大多数国家重大科研设施（如重离子加速器、同步辐射源、极地考察船等）都是无偿提供给大学、科研机构使用的。近年内准备建造的"高空远程科研飞机"将采用的模式是，考虑到高等院校的经费情况，运行费用由联邦教

4 国内外开展公共服务推进科技资源共享的实践分析

研部承担,使用者可向独立的"科学评估委员会"提出申请,根据专门标准分配飞行时间。使用者不必承担运行费用,而只需承担人员费用和仪器费用。但是,国家重大科研设施对工业界则是采取有偿使用的办法。以重离子加速器为例,根据加速器及射线类型,收费标准在 500~5000 欧元。

4.2 我国国家层面在推进资源共享的主要做法

4.2.1 构建科技基础条件平台,整合聚集优质资源

2004 年,国务院办公厅转发了科技部、财政部、发展改革委和教育部四部委共同制定的《2004—2010 年国家科技基础条件平台建设纲要》(以下简称《平台纲要》),对科技平台建设进行了总体部署。为贯彻落实《平台纲要》精神,2005 年四部委又联合发布了《"十一五"国家科技基础条件平台实施意见》(以下简称《平台实施意见》),对科技平台建设目标和重点任务进行了整体规划和布局。在 3 年试点工作的基础上,2005 年科技部和财政部正式启动"国家科技基础条件平台建设专项",按研究实验基地和大型科学仪器设备、自然科技资源、科学数据、科技文献、科技成果转化、网络科技环境六大类科技平台 24 项重点任务,组织实施了首批 39 项重点建设项目。"十一五"期间,中央财政累计投入科技平台建设专项经费约为 29.1 亿元,地方、部门配套经费约为 3.75 亿元,共启动了 42 项平台建设专项项目(表 4.2)。

表 4.2 "十一五"期间启动的平台建设专项项目情况

平台领域	2005 年	2008 年	2009 年
研究实验基地和大型科学仪器设备共享平台/项	9		
自然科技资源共享平台/项	7		
科学数据共享平台/项	14		2
科技文献共享平台/项	2	1	
科技成果转化公共服务平台/项	2		
网络科技环境平台/项	5		
总计	39	1	2

目前我国已认定了 23 个国家科技基础条件平台，如表 4.3 所示。

表 4.3　通过认定的国家科技基础条件平台一览表

序号	平台名称	平台领域
1	国家大型科学仪器中心	研究实验基地和大型科学仪器设备共享平台
2	中国应急分析测试平台	
3	国家计量基标准资源共享基地	
4	国家生态系统观测研究网络	
5	国家材料环境腐蚀野外科学观测研究平台	
6	国家农作物种质资源平台	自然科技资源共享平台
7	国家微生物资源平台	
8	国家标准物质资源共享平台	
9	标本资源共享平台	
10	国家实验细胞资源共享平台	
11	家养动物种质资源平台	
12	水产种质资源平台	
13	国家林木种质资源平台	
14	林业科学数据平台	科学数据共享平台
15	地球系统科学数据共享平台	
16	人口与健康科学数据共享平台	
17	农业科学数据共享中心	
18	气象科学数据共享中心	
19	地震科学数据共享中心	
20	国家科技图书文献中心	科技文献共享平台
21	国家标准文献共享服务平台	
22	北京离子探针中心	网络科技环境平台
23	中国数字科技馆	

研究实验基地和大型科学仪器设备共享平台共整合了分布在全国 7 大区域的单台（套）原值 50 万元以上的大型科学仪器 1.7 万台（套），形成了全国大型科学仪器协作共用网；建成了 13 个大型科学仪器中心；整合了 47 座风

洞、8 台大型天文望远镜等大型科学仪器装备资源。中央财政以 3000 多万元的平台专项投入撬动了总价值近 300 亿元的大型科学仪器资源的开放共享，促进了各地大型科学仪器设备使用效率的提高。在研究试验基地方面，以现有的野外科学观测研究台站为基础，整合建成 105 个国家级野外科学观测研究台站，初步形成了生态系统、材料腐蚀、特殊环境和特殊功能等国家野外观测台站网络，成为重要的科学观测研究基地，为科技创新和国家重大工程建设提供了大量宝贵的野外观测研究数据，已成为推动我国经济建设和生态、环境、资源协调发展的重要基础。

自然科技资源共享平台共收集整合了植物种质资源 39.2 万份，种质信息资源 135 万条，已实现了 25.2 万份植物种质资源的信息共享，向 1831 个单位提供农作物种质资源实物共享 13 万份次，有 450 份种质在育种和生产中得到有效利用，育成新品种 231 个，累计推广面积 9.17 亿亩，间接效益 985.34 亿元，为保障国家粮食安全做出了重要的贡献；收集整合动物种质资源和遗传物质 7987 种，9.3 万条信息资源面向社会开放共享，完成 10 个濒危野生动物体细胞资源和 77 个濒危畜禽资源的抢救性收集和保存，已向科研机构和社会公众提供实验材料 29 021 份，活体资源 7987 种，为农业生产提供松毛虫赤眼蜂 28 亿头，用于防治玉米螟面积 18.7 万亩，提供螟黄赤眼蜂 69 亿头，防治螟虫 23 万亩；整合了 6298 种国家有证标准物质信息资源和 4000 余种标准物质实物资源；保存了人类遗传资源 44.7 万份；收集整合生物标本 957.82 万份，岩矿化石标本 10.38 万份，南北极生物和地质标本生物、地质、陨石标本 1.52 万个（块），冰芯和沉积物样品 739 米，还抢救性地保护和整理出一批南极标本、珍稀标本、模式标本和我国国家级保护动物标本等大量宝贵的科技资源。

科学数据共享平台积极开展跨部门、跨领域的科学数据的整合，共建立地球系统科学数据、地震科学数据、农业科学数据、林业科学数据、气象科学数据等 14 个科学数据共享平台，形成了 800 多个数据库，共有 160 TB 多的存量科学数据对外开放。

科技文献共享平台通过采集、订购、交换等方式，共整合了 25 888 种外文印本期刊、16 861 种网络版期刊、22 万种中文电子图书、836 种外文电子图书、17 797 种外文期刊、160 万篇学位论文。科技成果转化平台收集整理了 41

万余项科技成果信息，2万项专家类信息，1200套科技影像资料，1万余条工程化中试机构信息，2000条孵化机构类信息（包括政策类信息）。

网络科技环境平台建成了中国数字科技馆、网络协同计算平台、北京离子探针中心等平台。中国数字科技馆建成了52个虚拟博览馆、40个专题虚拟科学体验馆，为广大青少年、社会公众和科普工作者提供了方便、快捷的公共科普服务。网络协同计算平台整合形成了422.1 T Flops的计算资源和2644.4 TB的存储资源，已为气象、地震等领域研究人员和社会公众提供了7408.4万CPU小时的大型网络计算服务，共完成74.3万个计算作业。网络协同研究平台建成了由21台套微束类大型仪器组成的远程共享服务系统。北京离子探针中心离子探针质谱计（SHRIMP II）实时远程控制系统，先后在湖北宜昌、巴西圣保罗大学、加拿大安大略省地质调查局、南京大学、意大利米兰Bicocca大学和我国台湾地区"中研院"等地建立了离子探针示范系统（SROS）远程工作站，协助科学家多次成功开展了锆石样品远程定年工作。

4.2.2 组织国家科技基础条件平台，面向需求开展专题服务

2011年，23个国家科技平台针对国家发展重大需求，形成了82个专题服务方案并正式实施，重点用户43 242个。其中，重点企业用户13 059个，所占比例为30.2%，服务和支撑企业自主创新能力得到进一步加强，资源分散、重复建设的状况得到初步改善，财政科技投入效率明显提高。目前研究实验基地和大型科学仪器设备、自然科技资源、科学数据、科技文献、科技成果转化、网络科技环境六大类共享平台，在国家层面推进了1.7万台（单台/套原值50万元以上）大型科学仪器设备、105个野外科学观测研究台站，22万种科技图书、6万种科技期刊，以及160 TB的科学数据等大量科技资源的整合、开放与共享，面向社会开通了中国科技资源共享网，初步建立起跨部门、跨区域、多层次的资源整合与共享网络体系。

4.2.3 发挥科技平台门户的龙头作用，以信息共享促进科技资源共享

中国科技资源共享网（以下简称共享网）是科技部、财政部共同推动建

4 国内外开展公共服务推进科技资源共享的实践分析

设的国家科技基础条件平台门户网站,是国家科技基础条件平台建设中的一个核心内容,是科技人员及广大公众用户通向国家科技基础条件平台的桥梁,是平台上各种科技资源信息服务的一个集成式提供点。共享网于2009年9月25日正式开通,坚持"用户至上,服务为本"的原则,面向社会开放,为广大科技人员和社会公众提供科技资源信息导航和特色服务推介。其宗旨是充分运用现代技术,推动科技资源共享,促进全社会科技资源优化配置和高效利用,提高我国科技创新能力。经过近5年的稳定运行,共享网已经发展成为我国科技条件资源信息汇交的中心和信息发布与成果展示的窗口,也是科技资源管理决策的支持系统和国内外科技资源信息交流的枢纽。

目前,共享网已经整合了包括科技部等37个国家部门,560余个国家重点实验室、国家工程技术研究中心、国家大型科学仪器中心和野外科学观测台站在内的海量科技资源信息600余万条,涉及资源总量超过1000 TB,科技相关的Web网页信息近5000万条。梳理整合形成了三十二大类科技信息数据库,涵盖了大型科学仪器设备、研究实验基地、自然科技资源、科学数据、科技文献、科普资源六大领域的资源。为贯彻"政府主导,多方参与"国家科技基础条件平台建设的原则,共享网积极吸纳资源丰富、服务良好的地方平台单位加入,以满足各方面用户的需求。

通过与共享网的站点对接,各资源单位形成了战略联盟,冲破各科技资源领域的封闭性,向社会提供专业化、个性化的科技资源信息服务、网络协同服务及跨领域交叉融合的知识服务,实现科技信息资源的共建共享。相关工作开展的过程中促进了科技领域资源信息服务业市场的培育,形成了科技信息服务的产业链,在科技信息共享与服务过程中实现了多方共赢,有效推动了现代科技资源服务业的发展。中国科技资源共享网整合的科技资源情况如表4.4所示。

共享网设立了科技资源信息数据库、科技信息动态、平台建设成果、科技资源网站导航等版块,还开设了政策法规、标准规范、地方特色平台、国际交流、研究实验基地、企业创新支撑平台、资源动态、重要建设成果等栏目,为用户提供资源管理、检索导航、绩效评估监测、专题服务等功能服务。

表 4.4 中国科技资源共享网整合的科技资源情况

资源类型	资源情况
大型科学仪器设备	—1.6 万台（套）单价 40 万元以上的科学仪器设备信息 —47 座风洞试验设备信息 —11 万余条计量基标准资源信息 —20 多万条分析测试方法 —2 万多条分析方法、技术标准 —9000 多条应急数据
研究实验基地	—220 多个国家重点实验室，6 个国家实验室 —80 余个野外台站和试验站 —170 多个国家工程技术研究中心 —14 个国家大型科学仪器中心 —14 个国家分析测试中心 —4500 多个质量检测机构
自然科技资源	—植物种质资源（3.5 万份描述，21 万份图像） —动物种质资源（14 大类，共有 11422 个） —标本资源（三大类，291 万件） —微生物菌种资源（七大类共有近 10 万种） —实验材料资源（三大类共有 1813 个） —重要疾病资源（三大类 17 万多个） —标准物质资源（四大类共有 6713 个） —人类遗传标准化资源（七大类共有 30 万多个）
科学数据	—林业科学数据（八大类数据，45 GB） —海洋科学数据（十三大类数据库，230 GB） —医药卫生（六大类共有 200 多个数据库/集） —地球系统（十六大类共有 1011 个数据库/集） —交通数据（六大类共有 1722 个数据库/集） —农业数据（四大类共有 736 个数据库/集） —先进制造（五大类共有 6256 个数据库/集） —地质与矿产（十二大类共有约 10 万个数据库/集） —气象数据（157 个数据库，数据量达 2000 GB） —地震数据（共 47 个数据库）

续表

资源类型	资源情况
科技文献 （主要为标准文献）	—66 余万条国家、行业和地方各类标准资源信息 —ISO/IEC/DIN/BSI/NF/JIS/GB 数据库 —部分美国联邦法规全文数据库 —部分地方标准等的文摘数据库建设和强制性国家标准 —国内行业标准数据库
科普资源	—整合 90 个专题馆，9 个专项资源库 —数据量达 1 TB —占国内现存同类资源的 90%

为了实现国家层面的科技资源优化配置，加强行业、部门和地方科技资源的沟通与互动，共享网还承担着地方、行业优质网站的加盟工作。站点加盟是重要的资源扩充手段，通过以资源和服务加盟为主、网站链接加盟为辅的手段，促进资源规模扩大、资源质量的提高。截至目前，北京、上海、重庆、广东等省市及制造业信息门户网站等优质资源平台已加盟共享网，促进了地方及行业优质科技资源的整合与利用。通过与国外资源单位合作，遵循元数据收割协议，研究开发了元数据收割系统，收割国外免费开放文献（Open Access）站点的大量科技文献资源、项目信息等。同时，通过收割国外资源元数据并进行二次加工处理，形成国外 OA 期刊专题数据库。OA 期刊专题数据库的建立在很大程度丰富了共享网的资源内容和数量，对帮助我国科研人员及时掌握世界科技动态具有极其重要的参考价值。

国家科技基础条件平台集成了丰富的科技资源，为了充分利用这些资源，方便科技人员在工作中准确地查找、定位资源，提高资源的使用率，共享网应用了先进的科技资源检索与导航工具，充分利用国家基础条件平台的科技资源信息，将已有的各科技资源应用系统的资源搜索功能有效组织起来，方便用户可以按照分类体系直接定位到所需的元数据。与一般的检索系统相比，共享网的科技资源检索与导航系统在对 Web 页面、网络文献检索的基础上，增加了针对科学数据、自然资源、大型科学仪器设备等科技资源的检索与导航服务，支持按照资源类型分类导航检索科技计划数据资源，提供资源高级检索功能，支持从多粒度、按多种条件检索资源数据,并提供资源在线下载服务。共享网的科技资源检索系统需要利用各子平台已有的搜索引擎和元数据目录,根据科技人员所指定的主题,将分散在不同资源子平台乃至 Internet 上的文献、标本、图片等资源围绕主题关联起来,为科技人员提供面向学科领域或特定科学问题的"立体式"科技资源信息,从而实现比商业搜索引擎更专业、更全面、更准确的科技资源检索功能。

共享网通过平台评估监测系统为管理人员提供对资源站点的监测、评估和管理,帮助他们了解资源站点的运行状态、变化趋势和使用情况,及时对资源站点进行管理维护,改进服务方式和手段,使站点能够可靠、高效地为科技人员提供服务。同时,为国家主管部门提供有关科技资源的管理信息和决策提供依据,并为平台服务绩效考核工作提供支撑数据。共享网评估监测系统对 23 家已经通过评议的平台资源站点的监测主要包括用户访问情况(反映平台资源受到社会的关注度)、用户分布情况(反映了我国不同地区对科技资源信息的利用情况和受众率,以及我国科技资源共享在国内外的影响力)、网站运行情况(主要反映资源站点基础设施的管理水平和建设情况)等内容。监测的结果以图形、报表等多种可视化形式呈现,较为全面地反映了各平台的运行服务情况,为各平台的绩效考核工作提供重要支撑。各科技平台资源站点是国家科技基础条件平台的重要组成部分,也是社会公众获取平台信息和服务的主要渠道。对平台科技资源站点服务的评估监测,能够反映各平台应用系统、资源信息、网络基础设施、安全系统、制度保障等方面的具体情况,为相关工作的优化提供依据。同时,对资源站点为社会提供服务的数量和质量的及时追踪,便于平台中心总体掌握各平台的建设和应用状况,从而指导科技资源站点规范化建设,促进平台建设的全面发展。对网站运行情况、用户访问情况和分布情况的统计分析,客观、合理地评鉴科技资源站点的运行服务情况,在一定程度上反映了各平台网站的资源信息服务质量和水平。评估监测的结果以监测分析报告的形式定期发布,为平台运行服务的绩效考核工作提供有效的支撑。

为有效拓展资源信息服务的方式与范围,进一步提高服务能力,共享网围绕国家发展重点和社会普遍关注热点,尤其是战略性新兴产业兴起的需求,结合领域科技资源的特点,对各科技平台资源信息进行战略重组和优化,形成特定领域权威性的专题信息服务，并初步形成了一套针对海量科技资源信息的管理体系和服务模式，面对社会开展快捷、方便的专题式服务，提高科技资源的综合利用效益。目前已向社会提供农村医疗服务、制造业信息化、国际开放期刊、世界科技动态、EScience 会议与期刊等专题服务。围绕国家发展重点和社会普遍关注热点，针对社会和不同用户需求，结合领域科技资源的特点，共享网已主要完成数个专题的建设服务。农村三级医疗卫生服务专题网，依托人口健康科学数据平台的优质医疗资源，该专题将人口健康科学数据平台资源推送到农村三级医疗卫生服务机构运用当中，重点解决农村医疗资源匮乏问题，同时也为家庭和个人提供健康咨询服务，为农民获得基本医疗卫生服务提供保障。专题服务的开展促进了"小病不出村、一般疾病不出乡、大病基本不出县"的农村医疗卫生发展目标的实现。专题服务的已经在河南省光山县、湖北省英山县、陕西省延安市安塞县、江西省井冈山等地开展了试点工作。先进制造信息化专题，依托 eworks 制造业网站，该专题集成 eworks 已有的产品创新数字化、管理信息化、信息安全与管理、工业与自动化、先进制造技术、工业企业管理、制造业与信息化、信息化咨询服务等领域的优质资源，通过共享网向用户重点提供专业、便捷的制造业信息服务。食品安全专题，针对国家近年来食品安全问题频发，共享网整合检测资源平台、标准文献平台、标准物质及检测机构四家平台的与食品相关的科技资源，建设食品安全专题，向社会宣传食品安全知识。国际 OA 期刊专题，根据 OAI（开放存取计划）协议采集国外 OA 免费文献并整理，建立了国外 OA 期刊专题数据库，目前拥有 8000 多份期刊及 24 万多份学术论文的全文。国外科技动态专题，与科技部国际合作司合作，整合驻外科技调研简报，资源涉及环境、能源、自然灾害、纳米技术、生物技术、信息技术、知识创新等诸多领域，以科技文献共享的方式服务社会，其中收录的动态文献很大程度上代表了全球科技的发展趋势，对我国科技工作者及时掌握科技动态，拓展国际视野具有重要意义。

4.3 我国地方层面在推进资源共享的主要做法

"十一五"以来，各地方结合本地科技和经济发展的需求，以地方公共科技服务平台为主要载体，深入推进本区域科技资源的开放共享。

各地方一方面大力开展支撑科技发展的科技基础条件平台建设，在大型科学仪器设备、自然科技资源、科技文献、科学数据、网络科技环境等领域，整合建立了200余个公益性地方科技资源共享平台；另一方面围绕地方支柱产业和区域经济发展，积极构建了一批支撑企业创新的科技平台。根据地方上报材料，各省市共建成了2000余个公共研发平台、3000个企业创新研发平台、300余个产业共性技术服务平台和近400个技术转移转化服务平台。

各个省市用于平台建设的经费超过60亿元，科技总体投入比例超过20%的省市达1/3以上，其中60%以上的省市设立了科技平台建设专项资金。

各地方平台资源共享服务成效显著，共为10万余家企业和数万家大学、科研院所等事业单位提供了科技服务，为平台带来了近百亿元的服务收入。通过科技服务支持，极大地提高了企业的自主创新能力，也为用户带来了上千亿元的经济效益。地方科技平台建设与区域创新体系建设及区域经济社会发展结合日趋紧密，支撑创新的作用逐步凸显，已经成为地方科技工作的重点和亮点。

下面重点梳理北京、上海、浙江等地建设科技平台推进科技资源共享的具体举措。

4.3.1 首都科技条件平台的建设与运行

4.3.1.1 概况

北京是全国科技资源最丰富的地方，从仪器设备资源看，据2008年不完全统计，北京地区10万以上的仪器设备6709台套，价值53.41亿元，其中80%集中在大院大所和高校。但是一直以来科技资源过分集中在高校院所、利用率较低和中小企业科技资源匮乏、缺乏有效支撑的问题长期共存，这个问题一直未得到解决。"十一五"期间，北京市科委重点建设了"首都科技条件平台"。首都科技条件平台建设以整合资源和创新机制为核心，通过科学合理的市场化制度安排，充分发挥首都高校、院所聚集的科技资源优势，通过领域平台、研发实验服务基地、工作站3个主体，建立网络化的科技资源开放服务体系，实现了仪器设备、科技成果、科技人才3类科技资源开放共享，在一定程度上解决了科技资源条块分割、开放共享困难的问题。通过实践,探索提出了科技资源整合、促进产学研用协同创新的"北京模式"。

其中,重点领域平台是面向国家和北京市战略布局,针对重点领域产业共性需求,采取行业分类聚集的方式,以资源单位为核心、以中介服务为纽带,覆盖产业链的服务联盟。目前,共建有生物医药、新材料、能源环保、电子信息、装备制造、技术转移和工业设计等12个领域平台,其建设管理大多挂靠在北京市科委下属的专业中心,专业中心负责行业资源梳理、平台推广、需求对接,并为国家重大科技专项、北京市科技振兴产业工程等提供支撑。市场化运作则依托行业联盟进行,由具有资源优势的成员单位针对企业需求提供具体的技术服务。

研发实验服务基地是通过北京市科委联合科技资源丰富的高校、科研院所和大型企业以协议的形式共建,通过引入专业服务机构,实现科技资源整建制向社会开放的载体,是各领域平台强大的资源储备。目前,研发实验服务基地中包含中国科学院、北京大学、清华大学和中国移动通信集团北京有限公司等26家开放科技资源过亿元的单位,550个国家级、北京市级重点实验室及工程中心,价值145亿元的仪器设备资源。

工作站是首都科技条件平台对接不同区域或产业内科技企业需求的重要渠道,也是扩大平台辐射范围的载体。2010年首都科技条件平台启动了3类工作站建设:第1类是区县工作站,包括大兴、房山、海淀、昌平、西城、通州、平谷7个工作站,旨在对接北京市各区县的科技需求;第2类是外省市工作站,包括广州、无锡、淄博、天津4个工作站,旨在对接外省市科技需求;第3类是产业工作站,旨在对接产业集群或企业集团的科技需求,如正在洽谈中的汽车零部件产业工作站。3类工作站由北京市科委直属的北京生物技术与新医药产业促进中心、北京软件与信息服务业促进中心、北京新材料发展中心、北京市可持续发展科技促进中心、北京技术交易促进中心、北京科学仪器装备协作服务中心、北京工业设计促进中心与地方科委、企业集团、经济开发区或科技园等联合共建,旨在向首都科技条件平台源源不断地提供科技需求信息和客户资源(表4.5)。

表 4.5　部分领域平台对应的科委中心及行业联盟

领域平台	北京市科委专业中心	行业联盟
生物医药领域	北京生物技术与新医药产业促进中心	中国生物技术创新服务联盟（ABO）
新材料领域	北京新材料发展中心	北京材料分析测试服务联盟
电子信息领域	北京软件与信息服务业促进中心	电子信息领域 ICT 研发实验服务联盟
能源环保领域	北京市可持续发展科技促进中心	首都新能源产业技术联盟
装备制造领域	北京生产力促进中心	生产力促进服务联盟
技术转移领域	北京技术交易促进中心	北京协同创新服务联盟
工业设计领域	北京工业设计促进中心	中国工业设计服务联盟

4.3.1.2　典型做法

（1）引入专业服务机构，推动资源的市场化运营

为了在不改变科技资源的产权归属的前提下，最大限度地提高科技资源的开放共享效率。北京市科委在研发试验服务基地的建设中，积极引入专业服务机构作为基地科技资源的核心运营载体，开展科技资源共享服务的市场化运作。研发实验服务基地不是依靠股权联系的实体组织，不具有独立的法人资格，它实质上是一个利益共同体。根据北京市科委的要求，研发实验服务基地由北京市科委和资源单位（高校、科研院所、大型企业）联合共建，资源单位授权一家"在本工作体系范围内、企业法人且具有运营服务能力"的专业服务机构开展科技资源共享服务的市场化运作。

在研发实验服务基地体系内，仪器设备等科技资源的产权归属仍在高校、科研院所，原体制下科技资源的管理部门在基地研发实验服务基地体系中仍然发挥着重要作用：包括参与基地的专业化管理、协助专业服务机构开展基地资源调研、动员基地成员积极开放资源、出台配套的管理考核办法等。高校、科研院所通过与专业服务机构签署协议的形式，授予其科技资源的经营权，从而实现了科技资源所有权与经营权的分离。

专业服务机构"一手托资源、一手托市场"，是基地的核心运营载体，其作用可概括为整合资源、调动资源、挖掘市场需求、对接服务、深度研发实验服务。具体而言，专业服务机构对内负责基地的专业化管理、基地资源的调研

分类、基地成员的沟通协调、基地运行机制的建立；对外负责基地宣传、客户资源维系和开拓、需求调研等市场化运营工作。专业服务机构在共享服务的实施过程中承担了内部资源与外部市场间的桥梁角色，包括客户接洽、资源调度与结果反馈等。

研发实验服务基地通过在内部建立科学合理的工作机制和利益分配机制，使得基地成员与专业服务机构成为一个紧密联系的利益共同体，促进了科技资源的最大化利用。

工作机制是指在研发实验服务基地内部成立由主管领导、相关部门负责人组成的工作小组负责研发实验服务基地的规划和指导工作，专业服务机构作为基地的对外服务窗口并组建专门的工作团队负责研发实验服务基地的管理和运营工作。以中国医学科学院研发实验服务基地为例，该基地成立了由北京市科委、医科院主管领导及基地成员单位相关人员组成的领导小组，统筹规划基地建设、监督管理成员单位及审议基地重大问题；由行业专家组成的专家委员会协助成员单位解决项目执行中遇到的重大技术问题；具体建设运营由北京协和医药科技开发总公司、国家新药开发工程技术研究中心共同承担，两家公司建立了功能互补、有效衔接的管理制度。为了进一步开拓市场，运营机构还与二级中介（基地各成员下属服务机构及北京市科委的专业中心）形成互动。

利益分配机制是指干系人（校方/院方、管理部门、实验室和专业服务机构等）作为利益共同体，在承接企业研发实验服务时对服务收费的分配方案，包括研发服务费、实验人员费、实验用耗材费、水电费和管理费等分配标准与形式，宗旨是充分调动各方积极性并实现共赢。利益分配的具体细则由基地内部协商决定，北京市科委不予统一规定。例如，北京师范大学研发实验服务基地为企业提供服务后，各方获得合同总金额的比例为：校方水电开支及设备使用费20%、实验人员酬金20%、实验试剂购置费15%、仪器设备运行维护20%、专业服务机构运营费25%。中国科学院研发实验服务基地在利益分配方面综合考虑了包括服务收入、仪器设备使用成本、人员服务报酬等分配因素，总体上制定了1∶7∶2的利益分配机制：对于由专业服务机构促成的服务项目，服务收入的10%为基地管理费、70%为研究所测试成本费、20%为实验人员奖金。特别指出，为扩大基地的客户资源供给，中国科学院研发实验服务基地的专业服务机构还与一些二级运营服务站签署协议。对于二级运营服务站推荐达成的服务项目，二级运营服务站可以提取10%管理费中的七成，剩余三成则上交专业服务机构。

为确保内部工作机制和利益分配机制落到实处，各研发实验服务基地在广泛征求干系人意见基础上纷纷出台了具有行政约束力的红头文件或由专业服务机构与基地成员分别签订协议。例如，北京邮电大学研发实验服务基地2009年制定了研发实验服务基地实施方案、管理办法、财务制度、档案管理办法、运行机制、服务工作流程、补贴申请流程等一系列规章制度，明确了相关单位的责任、分工及利益分配方法。

北京市科委在研发实验服务基地建设中有效地利用了政策杠杆、资金杠杆和工作考核，使其发挥了重要的引导和推动作用。为了让专业服务机构能够"名正言顺"地经营高校、院所的大资产，2009年6月3日"首都科技条件平台基地签约暨授牌仪式"上，北京市科委与共建单位签署的"首都科技条件平台研发实验服务基地"协议明确授权专业服务机构对基地实施专业化管理并对基地内的资源开展市场化运营。

（2）构建基于信息网络和工作网络的创新网络

首都科技条件平台通过搭建"三位一体"的科技资源共享服务体系，形成了一个以促进科技资源开放、支撑中小企业技术创新为宗旨的创新网络。这个系统化、规模化、专业化的网络包含了高校、科研院所、北京市科委、科委专业中心、中介机构、中小企业等各方主体。

① 信息网络。为了强化首都科技条件平台的对外服务功能和对内管理功能，2009年至今北京市科委积极推进首都科技条件平台信息网络建设和运行。首都科技条件平台门户网站是首都科技条件平台的对外总窗口，依托信息技术和网络技术为平台的信息公开、查询检索、预约服务、内部管理、网络安全等多项事务提供技术支撑。门户网站设置了面向平台管理者或平台用户的应用支撑服务功能模块。门户网站后台四大数据库（科技成果库、科技人才库、仪器设备库、需求库）为其正常运行形成支撑，其中科技成果库、科技人才库、仪器设备库是通过对研发实验服务基地、领域平台科技资源的地毯式搜索汇总所得，正在建设中的需求库汇集了中小企业对测试、研发和技术转移的具体需求，数据源自客户需求登记或市场调研。

信息网络建设是推动首都科技条件平台科技资源综合集成与高效利用的重

要抓手。首先，门户网站在赋予了首都科技条件平台统一接口和整体形象的同时，构建了连接资源方与需求方的信息通道。目前，14家研发实验服务基地与七大领域平台已完成与首都科技条件平台网站的对接，平台体系内可开放的仪器设备、科技成果、科技人才等科技资源上网公开将有效避免共享服务过程中供求双方的信息不对称，减少了需求方的搜索成本；网站的需求登记及预约功能便于资源方在后台进行综合调度与订单处理，为需求方匹配最优质的资源和服务。其次，首都科技条件平台的信息网络也是平台体系内部各成员单位间科技资源、客户资源、技术信息互联互通的神经网络，特别是仪器设备库、科技成果库、科技人才库、需求库的建设为研发实验服务基地、领域平台、工作站三大主体间的联结互动提供了利益分配机制、工作机制等软支撑背后的硬保障。

② 工作网络。首都科技条件平台的科技资源共享服务体系不仅是一个信息网络，还是一个"研发实验服务基地—领域平台—工作站"三层联动的工作网络。层内联动机制发生在工作站共建双方之间，科委专业中心与联盟成员单位之间，研发实验服务基地内部的管理部门、开放实验室、专业服务机构之间；层间联动机制发生在科委专业中心之间，领域平台与研发实验服务基地之间。这些联动机制大都以协议的形式明确双方的职责分工与利益分配办法。

在整个工作网络中，政府（北京市科委）、科委专业中心、行业联盟、专业服务机构、高校、科研院所和企业等创新系统内不同主体（或节点）之间通过各种关联形成科技资源支撑中小企业技术创新的协同效应。

首都科技条件平台建设强化创新网络各节点之间的联系。例如，专业服务机构与高校、科研院所等资源方之间的联系，专业服务机构与科委专业中心之间的联系，科委专业中心与工作站共建方的联系都是建立在协议的基础之上的。此外，2010年由首都科技条件平台总平台组织，领域平台和基地成员参与的俱乐部正式启动。俱乐部将定期组织活动，通过非正式沟通增进研发实验服务舰队内部关于机制建设和共享服务经验、资源供给与需求信息的共享。首都科技条件平台以中关村核心区、亦庄和大兴、通州、昌平等区县为重点，依托市科委直属的生物中心、软件中心、新材料中心、可持续发展中心、生产力中心、技术交易中心、装备中心、创业中心、科技开发交流中心和工业设计促进中心与不同区域或产业的科技企业进行供需对接，进一步支撑企业技术创新。这些科技资源需求旺盛的地方或产业，原本与研发实验服务基地、行业联盟等无联系，现在以工作站建设为契机，通过科委专业中心这座桥梁，成功与资源单位和创新网络连通。

另外，手握市场需求信息和客户资源的专业中心在首都科技条件平台体系中的重要性将进一步加强，与科技资源方、中介机构的议价能力也随之增强，有利于其发展独立业务、提高社会影响力。

总之，首都科技条件平台通过"研发实验服务基地—领域平台—工作站"三位一体的科技资源共享服务体系构建了一个基于信息网络和工作网络的创新网络，打破了部门之间、地区之间、产学研之间条块分割、相互封闭的格局，建立了政府、高校院所、行业联盟、专业服务机构、企业等网络节点之间多种形式的关联，组建了一支由主管领导、科研人员、技术服务人员、经营管理人员、科委专业中心工作人员组成的富有凝聚力的团队，达到了聚集效应、协同效应并且赋予了条件平台整体形象。

4.3.1.3 首都科技条件平台的创新性

首都科技条件平台为推动官、产、学、研、用结合，实现科技资源合理配置与高效利用而积极引入新要素，在理念、机制、组织管理、共享服务措施等方面不断创新。

① 理念创新。主要体现在如下两个方面。

一是从"供给"到"需求"。长期以来，各级科技政策主要关注供给方面，缺乏从需求方面出发的政策。首都科技条件平台在促进高校院所整体开放、增加科技资源供给的同时，特别强调对企业需求的挖掘和对接，通过建设工作站、技术转移领域平台及走访企业等多种方式，强化需求方在科技资源开放共享过程中的拉动作用。

二是从"供血"到"造血"。首都科技条件平台将可持续发展作为重要的政策方向。建设期间的政府投入旨在建立平台长期自我造血的制度基础，形成"市场导向、利益驱动"的内生动力。政府注重营造有利于平台自我造血的政策环境。北京市科委规定，各单位在申报市科技项目中涉及首都科技条件平台已开放的仪器设备时，政府将不予批准购置，只补贴使用设备租赁费，这不仅堵住了设备重复引进的路径，也增加了资源方和中介方的市场空间。此外，首都科技条件平台逐步形成了成员单位投入、技术服务收入和政府资助共同组成的多元化经费投入模式为最终建立政府退出机制奠定了基础。

② 机制创新。首都科技条件平台通过机制创新,引入专业服务机构作为核心运营与服务载体,在不改变现有科技体制框架的前提下分离了科技资源的所有权与经营权,解决了科技资源的市场化运营服务的问题,探索出了一条科技体制改革的新路径。具体而言,高校院所授权一家在本工作体系范围内、具有独立法人资格、公司化运作且具有运营服务能力的专业服务机构作为研发实验服务基地的核心运营载体,"一手托资源、一手托市场",发挥连接社会需求和科技资源服务的纽带作用。基地内部通过工作机制和利益分配机制的突破,实现了专业服务机构与高校、科研院所的深度对接:校(院)领导挂帅、相关部门联动的工作团队是基地对内协调、对外服务的组织保障;技术服务收益的合理分配方案有利于将管理部门、实验室、专业服务机构等相关方结合成利益共同体,形成科技资源开放共享的内生动力。

③ 组织管理创新。首都科技条件平台搭建的"研发实验服务基地—领域平台—工作站"三位一体的共享服务网络体系,凝聚了一批包括各级领导、科研人员、技术支撑人员、联络员和工作人员组成的工作团队。为了确保条件平台工作高效运作、落实到人,科委专业中心与领域平台成员单位、研发实验服务基地及工作站之间都建立了联系人制度。北京市科委通过政策引导、协议约束和机制带动,除与各成员单位签署合同外,还强化首都科技条件平台的内部管理和运营,建立一套科学合理的绩效考核指标体系,通过定性和定量两类指标明确成员单位的年度工作任务,严格审计政府资金用途。14 家研发实验服务基地和七大领域平台全部出台红头文件,结合北京市科委提出的任务目标,出台各自的组织管理办法,其中不乏创新的亮点。再以中科院研发实验服务基地为例,针对中科院京区各研究所科技资源分散、协调困难的特点,2009 年基地构建了"领导小组工作小组联络员"三级组织管理体系。2010 年中科院研发实验服务基地建立科技特派员制度,以奖励个人的形式鼓励成员单位派遣科研或管理人员到基地办公室工作,实现人才共享。科技特派员采取成员单位轮值替换的方式到基地办公室现场办公,及时梳理、分析仪器设备和科技成果信息,解答企业的技术需求。对于科技特派员深入企业解决企业实际困难并成功促成与企业合作的项目,签署"所企专业运营机构"三方合作协议,科技特派员可提取中介收入的 5%~20% 作为现金奖励,充分调动了科技人才的工

作积极性。此外，还设立了科技成果转化"专项资金"，支持基地办公室专职人员与科技特派员共同开展项目立项前调研、分析、评估等研究工作，形成立项建议书和商业计划书，为科研院所和企业提供专业服务。

④ 共享服务措施创新。"北京模式"的实施催生了许多促进科技资源共享服务的新举措。

第一，编制开放服务目录。北京市科委在对研发实验服务基地、领域平台科技资源地毯式梳理的基础上，先后组织编写了《首都科技条件平台科技资源开放服务目录》（2009年、2010年两套）、《首都科技条件平台科研成果目录》（2010年）并向社会公布。开放服务目录的重要功能除了信息公开，还在于确保政府对首都科技条件平台的管理考核有据可依，真正发挥政府考核的驱动作用。例如，北京市科委对研发实验服务基地的准入标准（第1年开放科技资源量不低于1亿元）、开放进度（所有可开放资源要在3年内全部向社会开放）、开放效率（单台开放仪器设备1年内至少接单1次）的具体要求都是以纳入开放服务目录的科技资源作为考核对象；正在起草中的首都科技条件平台的补贴办法也将以纳入开放服务目录的仪器设备作为主要的补贴对象。

第二，集中管理仪器设备。长期以来，高校院所科技资源分散在院系、课题组、实验室，科技资源在空间上的分散布局导致在市场化运营过程中难以形成规模经济效应。为此，许多基地开始探索仪器设备的集中管理模式。以北京科技大学研发实验服务基地为例，各学院建立了实验中心作为专业服务机构（北京科技大学分析检验中心）的二级中心，对各学院所属实验室设备、人员、场地进行集中管理，形成了学校实验室管理的梯次结构，北科大已经投入2000万元用于设备搬迁、检测体系及相关设备的完善。通过场地、设备、人员和窗口的有效集中、统筹管理，原来分散在20多个场所的大型设备资源集合成以主楼和测试楼为核心的空间布局结构，由一支200人左右的专业实验队伍负责经营。

第三，变"被动服务"为"主动服务"。由于科委专业中心、专业服务机构在资源方和需求方之间的桥梁作用，研发实验服务基地和领域平台打破了长期以来被动等待的服务模式，采取主动出击的方式，对接企业需求。

4.3.2 上海研发公共服务平台的建设与运行

4.3.2.1 概况

上海研发公共服务平台是上海市立足于地方科技经济社会可持续发展需求，通过优化、重组和完善创新创业链各环节的资源和服务，形成具备研发基础支撑、成果转化、技术转移、创业孵化、专业服务等能力的公共服务体系。从2003年启动实施以来，已搭建了包括科学数据共享、科技文献服务、仪器设施共用、资源条件保障、行业检测服务、试验基地协作、专业技术服务、技术转移服务、创业孵化服务、管理决策支持十个子系统，形成了以平台管理中心、区县服务分中心、园区服务站、行业协会服务站和加盟服务机构等多层次的全市性服务网络，为科研工作者和企业用户提供从信息采集发布、专家咨询、整体解决方案于一体的一站式服务（图4.1）。

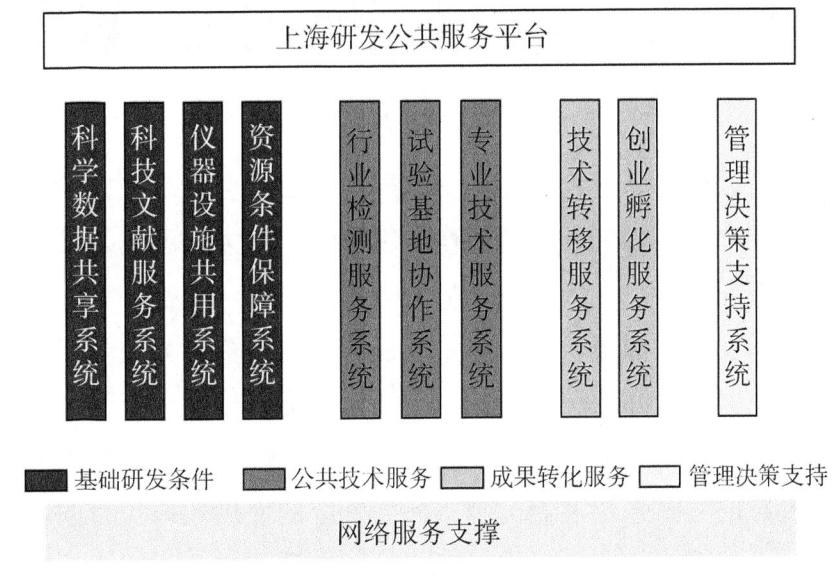

图 4.1　上海研发公共服务平台十大子系统框架

上海市在开展研发公共服务平台时，高度重视服务体系的搭建。专门组建了上海市研发公共服务平台管理中心负责平台运行和服务的管理，建设了功能强大的门户系统。组建了平台服务呼叫中心，开通了24小时的科技服务热线。在上海所有的18个区县都建立了区县服务中心，在30个高新园区和15个行业协会合作建设了服务站。通过建设多渠道、覆盖全市各区县的立体式服务体系，更好地促进技术创新服务平台与中小企业的顺畅对接，促进创新要素向企业的渗透和转移（图 4.2）。

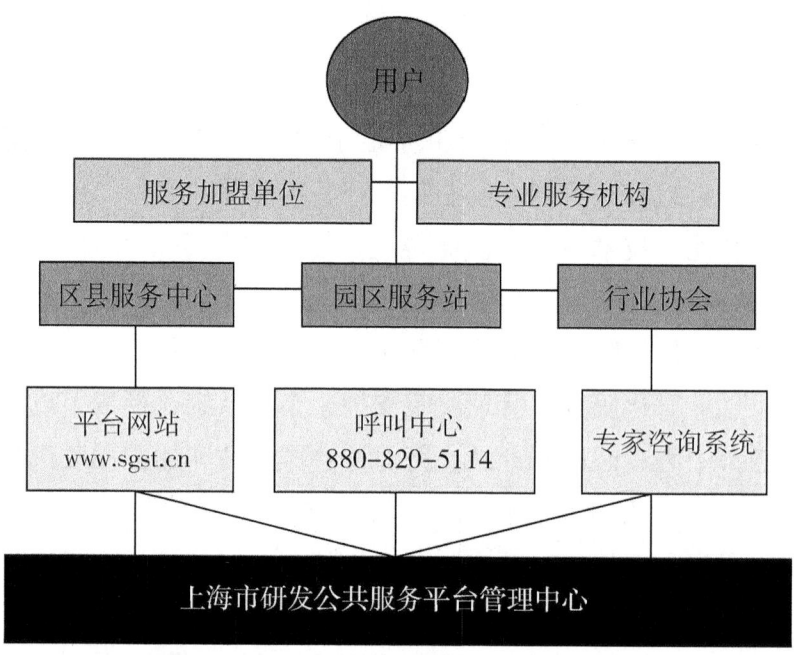

图 4.2 上海研发公共服务平台服务架构

上海研发公共服务平台建设过程中，探索出了社会资源加盟机制、政府购买服务机制和用户补贴机制等平台运作的新机制，最大限度地调动了参与平台服务各方的服务积极性。

机制一，社会资源加盟机制。为了促进各类科技资源为企业提供服务，上海市制定平台加盟管理办法，设置一定的门槛和准入标准，吸引分散在各处的优质资源加盟平台，重点考察加盟单位的服务有效性和服务意愿，并通过服务奖励和用户补贴的方式强化加盟机制，提高资源的使用效率。目前，平台加盟服务机构总数已达到786家，形成了"以资源集聚优势吸引用户、以用户汇聚优势吸引加盟单位"的双向吸引的"研发超市"效应。

机制二，政府购买服务机制。在平台的开放、服务和应用中合理利用政府购买机制，发挥有限的财政投入在优化创新环境中"四两拨千斤"的功效。例如，对通用性强、产品成熟的科技资源，通过"政府购买、免费使用"的方式，使资金投入产生明显的乘数效应。"十一五"期间，通过购买万方数据服务，共提供给用户全年实际下载文献1362万多篇，数据总量超过2549 GB，全年为用户节省文献开支超过6784万元。

机制三，用户补贴机制。为了帮助中小企业应对金融危机，平台主动面向13 000多家中小科技企业提供了3830万元的创新服务礼包，同时还专门出台了中小企业有偿使用科技公共资源的补贴政策，最终向336家中小企业提供创新服务补贴622万元，2014年又继续试行了这项补贴，共对443家中小企业给予了700万元的补贴资金。这些都有效降低了企业研发成本，缩短了研发周期，受到很多科技型中小企业的欢迎。

4.3.2.2 上海市技术创新服务平台建设概况

为全面贯彻落实《国家技术创新工程上海市试点方案》，聚焦国家战略任务需求和上海市高新技术产业化重点领域，上海市已初步建成了面向中小微企业，涵盖生物医药、电子信息、能源环保等九大领域的"金字塔"式的技术创新服务平台体系。"金字塔"尖是12家技术创新服务平台，以支撑产业发展为目标，面向企业技术创新共性需求，涵盖12个高新技术产业方向，服务产业技术创新链（表4.6）；"金字塔"中部是专业技术服务平台，聚焦某项或多项行业共性技术，扶持和推动高新技术产业发展，通过"高效集聚资源、实现优势互补"的方式，开展前沿技术的推广和各类技术服务；"金字塔"底部是加盟专业服务机构，包括国家级检测中心、文献情报服务机构、科技企业孵化器、研究实验基地等。

① 技术创新服务平台定位在以支撑产业发展为目标，面向某一产业技术创新的共性需求，提供综合性服务支撑。服务面向整个产业技术创新链条，大都为多家单位联合共建。目前，上海市已经重点打造了12家拥有综合性服务支撑能力的技术创新服务平台，分布在生物医药、集成电路、新能源汽车等战略性产业，这些平台针对产业创新链中的各个关键环节，通过提供科技资源共享保障、关键技术集成示范、工艺开发服务支撑、技术标准制订指导、创新成果中试检测与转化、咨询培训与人才培养等创新服务，在促进战略性新兴产业成长、加快传统产业的技术升级与改造、推动产业集群的发展、带动中小企业通过创新实现经济效益等方面取得了显著成效。据不完全统计，仅2011年上半年，12家技术创新服务平台为超过2500家上海及全国的企业用户提供服务近2万次，服务收入达4.73亿元，为用户创造的间接经济效益高达17.73亿元。

表 4.6 上海市技术创新服务平台基本情况

序号	平台名称	牵头单位	主要服务功能
1	上海市生物医药产业技术创新服务平台	上海市生物医药科技产业促进中心	生物医药创新研发服务、行业共性、关键技术研发、成果转化、中试放大和临床CRO服务
2	上海市中小型电机及系统技术创新服务平台	上海电器科学研究所（集团）有限公司	行业发展战略与规划研究、四技服务、试验与检测服务、标准服务及人才技术培训服务等
3	上海市建筑节能与绿色建筑技术创新服务平台	上海市建筑科学研究院（集团）有限公司	建筑围护结构、可再生能源、室内环境、用能设备、建筑智能化、建筑能效测评服务
4	上海市超高压及特种线缆技术创新服务平台	上海电缆研究所	联盟研发、技术转移、检测与试验服务、国内外行业信息会展、技术交流合作及电子商务服务、标准化技术、知识产权、人才培训与交流服务
5	上海市新能源汽车产业技术创新服务平台	同济大学、国家机动车质量监督检测中心（上海）	新能源汽车整车集成、动力系统控制、动力蓄电池管理、车载能源技术的研发、技术咨询和服务；新能源汽车试验、检测认证服务；人才培养和培训
6	上海市清洁高效发电设备技术创新服务平台	上海发电设备成套设计研究院	清洁高效发电关键技术和共性技术研究、开展汽轮机、锅炉机技术服务和发电设备材料技术服务
7	上海市动漫技术创新服务平台	上海市科技信息中心	全流程的数字化动漫影视生产技术服务
8	上海市软件技术创新服务平台	上海计算机软件技术开发中心	资源共享和信息服务、技术与管理咨询服务、成果转化与推广和技术人才培训服务
9	上海市高性能宽带信息网技术创新服务平台	上海未来宽带技术及应用工程研究中心	新产品测试、新业务推广、新系统评估、新标准验证等创新服务，制定相关行业标准，提供专业的技术支持及解决方案
10	上海市集成电路产业技术创新服务平台	上海集成电路研发中心有限公司	集成电路工艺技术开发、材料和设备的验证、MPW、EDA设计、MEMS加工、测试分析、新材料和器件的研发及SOC集成芯片测试验证和知识产权、专业培训等
11	上海市半导体照明技术创新服务平台	上海半导体照明工程技术研究中心	以半导体照明产品检测服务为核心，对LED光、色、电、热、寿命各方面性能开展全方位的检测与评估服务
12	上海市太阳能光伏技术创新服务平台	上海太阳能工程技术研究中心有限公司	投资建议、建设可行、厂房规划、工艺布局、设备选型、设备调试和人员培训在内的全方位服务

② 专业技术服务平台定位为面向高新技术产业的细分行业或某一专业领域的技术创新需求，提供具有领先性的公共技术服务机构。通常功能和服务对象相对聚焦，且大多依托某一个单位开展建设。例如，上海芯片分析专业技术服务平台是依托上海圣景科技发展有限公司建立，主要为中小集成电路设计企业提供芯片处理、显微拍摄拼接、芯片结构分析及测试等服务。针对细分的专业技术领域，上海市共建设了61家专业技术服务平台。专业技术服务平台一方面是技术创新服务平台的建设基础；另一方面是技术创新服务平台的有益补充，为技术创新服务平台未覆盖到的细分行业或专业领域内的企业服务。

③ 加盟专业服务机构。目前，已有768家加盟专业服务机构，包括34家国家级检测中心、32家文献情报服务机构、59家科技企业孵化器、270家研究实验基地。平台体系中超千万元的设备达到36台，基本囊括了上海市所有的重大科研设施。

4.3.2.3 上海技术创新服务平台的主要特点

① 面向地方重点产业。技术创新服务平台的总体定位，是以支撑产业发展为目标，以企业技术创新共性需求为导向，优先构建面向重点产业振兴和战略性产业发展的技术创新服务平台。上海建设的区域技术创新服务平台是面向上海重点发展的九大高新技术产业和七大战略性新兴产业，通过为产业提供综合性的、覆盖技术创新服务链的、系统性的公共服务，支撑并推动产业的创新发展。已建成的12家技术创新服务平台分别面向生物医药、软件信息、电子信息、新材料、新能源、新能源汽车、重大装备、节能环保等高新技术产业；61家专业技术平台的产业领域分布也集中在生物医药、电子信息、软件信息、重大装备、新材料和新能源等战略性新兴产业。

② 根据资源情况采取多种组织建设模式。上海技术创新服务平台建设主要有如下几种方式。

一是由科技中介机构特别是具有部分政府职能的中介机构牵头组建，包括生物医药平台、动漫平台、软件平台和集成电路平台。这些科技中介机构多是政府主导成立的机构，这类平台往往通过政府的引导和支持，来整合和激活产业内的创新优势资源，通过集成外部资源，形成创新服务链。例如，上海市生物医药方面的优势资源单位较多，协调难度较大。因此，上海市选择市科委直属事业单位——上海市生物医药科技产业促进中心作为上海生物医药技术创新服务平台的牵头单位。

二是由在行业内具有技术领先优势的转制院所或高校牵头组建平台，包括中小型电机平台、特种线缆平台和清洁发电设备平台。转制院所长期从事行业共性研究和关键技术开发、设计与应用，行业技术储备能力雄厚，具备行业公认的资源优势和品牌地位，服务全国的辐射与引领能力强。这类平台往往整合院所内的重点实验室、工程中心、企业技术中心、标委会、行业协会等内部资源，形成全方位为行业服务的能力。例如，上海中小型电机及系统技术创新服务平台是由上海电器科学研究所牵头，联合上海理工大学、华北电力大学等联合共建的。

三是针对战略性新兴产业，通过部市合作等方式投入较大的资金，新组建的产业技术创新服务平台。例如，科技部、文化部先后与上海市合作，以专项资金的形式累计投入7400万元，建立了面向创意产业的上海动漫公共技术服务平台。

③ 具备完善的服务功能。上海技术创新服务平台在建设过程中不断完善服务功能，向企业特别是中小企业提供条件保障、技术研发、成果转化和人才培养四大服务功能。

一是条件保障服务功能。平台集成人才、技术、设备、信息等优质资源，面向企业提供检测、设计、信息、标准、知识产权等公共服务。例如，特种线缆平台通过内部资源优化和有效整合，形成以专业技术、标准化技术、检测试验、信息会展、教育培训等板块构成的科技服务体系，为整个行业的技术能级与产品水平的提升乃至面向全社会提供技术资源共享，构建面向全行业和全社会的科技服务平台。2010年为国内外线缆材料及设备企业、线缆制造企业和各类社会用户提供技术转让、技术开发、技术服务、技术咨询、检测试验、计量认证、信息会展、标准技术等科技服务10 000余项（份）。

二是技术研发服务功能。平台开展产业共性关键技术的攻关和前瞻性技术的预研，并接受企业委托，开展技术研发与咨询诊断。例如，清洁高效发电设备平台以国家战略为指引，结合上海的科技特色，开展了700℃等级超超临界火电机组用材关键技术前瞻性研究、700℃等级超超临界机组的材料国产化研制，率先在全国地区开展700℃等级超超临界机组用材的合作开发与创新，推进了我国能源行业的技术进步。

三是成果转化服务功能。平台对已有成熟的科研成果进行产业化和工程化，向中小微企业加快推广先进适用技术和新产品。通过技术转移和技术扩散，整合行业和地方的各种人才、技术等资源，逐步形成较为完整的科技成果转化体系。例如，生物医药平台积极推动最新成果的转化和行业内共性技术的发展。药物制剂子平台的"药物制剂缓控释技术的开发与产业化"项目成果于2010年获得了上海市科技进步一等奖，该成果通过技术服务与成果转化，推动了15个新药上市，形成产值3亿多元。

四是人才培养服务功能。平台整合优势设备资源和教学条件，为企业开展多种形式的人才培养与培训。例如，软件平台聚焦专业技术人才培养，建立了创新型培训实训基地。平台联合上海软件园、复旦大学、上海交通大学、浙江大学、同济大学、华东师范大学、解放军信息工程大学、华东计算技术研究所、沈阳软件园、昆明软件园等知名高校和优秀企业，成立研究生培训实训基地、人才培养基地等。平台还通过一系列举措整合优势设备资源和教学条件，为企业开展多种形式的人才培养与培训，为各类创新载体和企业之间的人才双向交流提供支撑。

五是具有健全的运行机制。上海技术创新服务平台在运行方面大都采取理事会领导下的主任负责制，形成了具有决策、执行和监督等职能的组织机构和权责明确、协同高效的管理体制。对于涉及单位较多，对地方产业促进较大的平台，上海市科委还积极参与平台的运行指导。例如，上海生物医药技术创新服务平台的组织管理委员会由上海市科委副主任牵头，科委相关处室及平台依托、投资单位参加。

同时，在经费投入、利益分配、服务规范和绩效评估等方面，形成了保障平台良好运行和可持续发展的制度体系。例如，生物医药平台12个成员单位在保留各自独立运行方式的前提下，通过分工协作机制，统一对外承接服务任务。一是推举上海生物医药科技产业促进中心作为依托单位，按照市场化管理方式，负责平台成员单位的联络、对外宣传、业务承接、服务合约签订、项目跟踪与管理。二是由平台发起单位制定并签署了联盟合作协议、平台技术与商务合作协议、平台章程和议事规则、平台运行管理办法、平台项目管理和绩效考核办法等，保证平台的有效运行。三是建立了网上平台服务咨询系统，制定了平台服务指南、服务流程和服务手册来规范各成员单位的对外服务行为，提升平台的整体对外形象，促进资源的有效整合和使用，确保了平台日常内部管理工作的顺利开展。再如，特种线缆平台建立了相对独立的运行管理体系及规章制度体系，包括人才激励机制、技术创新机制、技术转化途径、合作开发、规范服务要求等。各部门根据工作实际，设定岗位工作制，并以岗位工作加工作绩效确定岗位工资及年薪待遇。实行以项目为载体带动技术领域的拓展与服务，通过项目壮大科研队伍、提升服务能力、改善科研环境，并为科技人员创造宽松的工作氛围和增强持续稳定的创新能力。

4.3.3 浙江科技创新服务平台的建设与运行

4.3.3.1 概况

《国家科技基础条件平台建设纲要》颁布以后，浙江省科技厅结合地方实际，深入贯彻纲要精神，按照省委、省政府关于"政府搭建平台，平台服务企业，企业自主创新"的总体要求，秉承"整合、共享、服务、创新"的基本思路，积极探索开展行业和区域科技创新平台建设。

2004年年底，浙江省科技厅针对医药产业发展的需求，整合浙江工业大学、浙江医学科学院等5家优势单位资源，率先启动了行业科技创新平台试点——"浙江省新药创制科技服务平台"的建设。

2006年，浙江省科技厅会同省财政厅、省发展改革委等部门共同制定了《浙江省公共科技条件平台建设纲要》（以下简称《浙江平台纲要》），明确提出要在建设公共科技基础条件平台的同时，面向省支柱产业和重点高新技术产业、重点区域块状经济的技术创新需求，重点建设行业科技创新平台和区域科技创新平台。同时，多部门联合出台了《浙江省省级行业和区域创新平台建设与管理试行办法》（以下简称《浙江平台办法》），对平台建设加以规范和引导。

2006年年底，在总结试点经验基础上，浙江省又进一步启动了"浙江现代纺织技术及装备创新服务平台"等13个行业和区域科技创新平台，推动技术创新服务平台进入全面建设阶段。

在浙江省的大力推动下,"十一五"期间浙江行业和区域科技创新平台①建设成效显著。到2011年年底,全省已组建行业科技创新平台26个,区域科技创新平台27个(表4.7)。科技创新平台建设计划投入资金42.73亿元,其中,省财政计划投入5.58亿元、地方政府配套11.79亿元、建设单位自筹325.36亿元。实际投入资金36.95亿元,其中,省财政累计投入5.53亿元,占14.97%;地方政府配套投入8.84亿元,占23.92%;共建单位自筹资金22.58亿元,占61.11%。已建平台整合的科研设备设施价值达45.5亿元,形成对外服务场地135.1万平方米;参与平台建设的中级职称以上科技人员达到近万人,加入平台服务层的企业达2.8万多家;在浙江42个块状经济向现代产业集群转型升级示范试点中,行业和区域创新平台的覆盖率达到了66.7%。三类重大科技创新平台的建设,为全省公共科技服务能力的提升、中小企业技术创新、区域科技经济发展和块状经济向现代产业集群的转变,发挥着积极的支撑和引领作用。据对2010年以前建设的56家平台统计,截至2011年年底,累计提供检测服务约169万次,服务收入约10.9亿元;举办技术咨询7877场次,接受咨询约145万人次;为相关领域企业培训职业技能人员22.6万人次。通过平台服务,累计增加产值437亿元、利税45亿元。

4.3.3.2 平台的功能定位

《浙江平台纲要》和《浙江平台办法》中提出,行业和区域科技创新平台是整合产学研各方资源,支撑行业和区域自主创新与科技进步的载体,是区域创新体系的重要组成部分。

行业和区域科技创新平台应具备相关基本条件。例如,必须具有明确的服务方向、量大面广的服务对象,服务对象在200家以上;必须具备用于技术服务、研究开发的场地和仪器设备,仪器设备总价值不低于5000万元,建筑面积应达到10 000平方米;必须要有企业、高校、研究院所共同参与;要有一支固定的平台管理运行队伍和高效流动的研究服务人员队伍等。同时,强调行业和区域创新平台要具备集聚创新资源、设计创新课题、组织联合攻关、提供技术服务、实施成果转化、开展人员培训、传播科技信息的基本功能。

---

① 浙江省对2009年以前授牌的行业和区域科技创新平台一般命名为"浙江省×××科技创新服务平台",2009年及以后授牌的命名为"浙江省×××技术创新服务平台"。

表 4.7 浙江省技术创新服务平台名单

序号	平台名称	建设时间	共建单位
行业科技创新平台			
1	浙江省集成电路设计公共平台	2004	杭州国家集成电路设计产业化基地有限公司，杭州国家集成电路设计企业孵化器，浙江大学，杭州电子科技大学
2	浙江省新药创制科技服务平台	2004	浙江工业大学，浙江省医学科学院，浙江中医药大学，浙江大学，浙江省食品药品检验所
3	浙江省现代纺织技术及装备创新服务平台	2006	浙江省现代纺织工业研究院，浙江理工大学，浙江大学
4	浙江省软件产业科技创新服务平台	2006	杭州国家软件产业基地有限公司，浙江大学，杭州电子科技大学，浙江省电子产品检验所，浙江工业大学
5	浙江省环保装备科技创新服务平台	2006	菲达集团有限公司，浙江大学，浙江省环保机械行业协会，诸暨菲达宏宇环保设备有限公司，菲达环保科技股份有限公司，通球集团有限公司
6	浙江省五金科技创新服务平台	2006	浙江永康五金生产力促进中心有限公司，浙江大学，浙江工业大学
7	浙江省机械制造技术创新服务平台	2006	中国机械科学研究院浙江分院，浙江大学，浙江省机电设计研究院
8	浙江省服装产业科技创新服务平台	2006	杭州爱科电脑技术有限公司，浙江大学，浙江理工大学，浙江纺织服装装备科技有限公司
9	浙江省海洋科技创新服务平台	2006	浙江省海洋开发研究院，浙江海洋学院，国家海洋局第二海洋研究所，宁波大学，舟山市质量技术监督检测研究院
10	浙江省水稻产业科技创新服务平台	2006	中国水稻研究所，嘉兴市农科院，浙江省农科院，浙江大学

续表

序号	平台名称	建设时间	共建单位
11	浙江省茶产业科技创新服务平台	2006	中国农业科学院茶叶研究所，浙江大学农业与生物技术学院，中华全国供销合作总社杭州茶叶研究院，杭州市农业科学研究院茶叶研究所
12	浙江省竹产业科技创新服务平台	2006	浙江农林大学，浙江省林科院，中国林科院亚林所
13	浙江省木材加工产业科技创新服务平台	2006	浙江农林大学，浙江省林产品质量检测站，浙江省木材工程技术研究中心
14	浙江省渔业科技创新服务平台	2006	浙江省淡水水产研究所，浙江工商大学，浙江省海洋水产养殖研究所，湖州师范学院
15	浙江省畜牧产业科技创新服务平台	2006	浙江省农科院，浙江大学，浙江省畜牧兽医局
16	浙江省汽车及零部件产业科技创新服务平台	2007	浙江大学，浙江省质量技术监督检测研究院，金华市科技局，玉环县科技局，瑞安市科技局
17	浙江省皮革行业科技创新服务平台	2007	温州大学，海宁皮革研究院，温州市质量技术监督检测院，中国皮革和制鞋工业研究院温州研究所，浙江温州轻工研究所
18	浙江省氟硅化学品科技创新服务平台	2007	杭州师范大学有机硅化学及材料科技术实验室，浙江省化工研究院，浙江省氟材料工程技术研究中心，浙江省化工办公室，国家氟材料工程技术研究中心（巨化集团公司）
19	浙江省饲料产业科技创新服务平台	2007	浙江大学，浙江省饲料工业办公室，浙江省农科院，浙江理工大学，浙江省粮科所
20	浙江省桑蚕茧科技创新服务平台	2007	浙江省农科院，浙江大学，浙江省农业厅经济作物局

续表

序号	平台名称	建设时间	共建单位
21	浙江省工业自动化公共科技创新服务平台	2008	浙江大学,浙江工业大学,杭州自动化技术研究院,轻工业自动化研究所,中控科技集团有限公司,杭州和利时自动化有限公司
22	浙江省环保公共科技创新服务平台	2008	浙江省环境保护科学设计研究院,浙江大学,杭州电子科技大学,杭州汽轮成套技术开发有限公司,浙江工业大学
23	浙江省特种设备与能源环保计量技术创新服务平台	2009	浙江省特种设备检验研究院,中国计量学院,浙江大学,西子研究院,浙江省计量科学研究院,浙江省环境监测中心
24	浙江省塑料加工技术创新服务平台	2009	余姚中国塑料城塑料研究院,中科院宁波材料所,四川大学,浙江工业大学,兵器集团第五三研究所
25	浙江省科学仪器设备产业技术创新服务平台	2010	浙江清华长三角研究院,浙江大学,聚光科技有限公司,微星智能仪表有限公司
26	浙江省视光产业技术创新服务平台	2010	温州医学院,浙江省眼镜产品质量检验中心,浙江东方光学眼镜有限公司,中国科学院宁波材料科技与工程研究所,浙江泰恒光学有限公司
区域科技创新平台			
1	浙江省湖州蚕桑科技创新服务平台	2007	湖州市农科院,浙江大学动科院,浙江省农科院蚕研所,湖州市蚕业技术推广站
2	浙江省上虞绿色精细化工科技创新服务平台	2007	上虞中科白云精细化工研发中心有限公司,浙江工业大学,浙江龙盛集团股份有限公司,浙江皇马化工集团有限公司
3	浙江省温州泵阀科技创新服务平台	2007	兰州理工大学温州泵阀工程研究院,浙江省机电设计研究院有限公司,浙江省泵阀产品质量检验中心

4 国内外开展公共服务推进科技资源共享的实践分析

续表

序号	平台名称	建设时间	共建单位
4	浙江省新昌轴承与专用装备科技创新服务平台	2007	新昌县方圆轴承科技创新服务中心,洛阳轴承研究所,浙江新昌皮尔轴承有限公司,浙江五洲新春集团有限公司,浙江新昌三雄轴承有限公司,浙江陀曼精密机械有限公司
5	浙江省嘉兴毛衫产业科技创新服务平台	2007	桐乡市濮院羊毛衫市场管理委员会,浙江雀屏纺织化工股份有限公司,浙江华新实业公司,浙江经纬公证检验行有限公司,浙江飞虎纺机制造有限公司,桐乡市帅哥服饰有限公司
6	浙江省温州低压电器技术创新服务平台	2009	温州大学,国家工业电器质量监督检验中心(乐清),浙江机电设计验检疫科学技术研究院低压电器实验室(温州),浙江机电设计研究院有限公司
7	浙江省温岭泵与电机技术创新服务平台	2009	温岭市先导电机技术研究所,浙江省凡点设计研究院有限公司,温岭市创新快速成型技术有限公司
8	浙江省台州缝制设备产业技术创新服务平台	2009	浙江大学台州研究院,台州中科志联电子技术有限公司,台州市质量技术监督检测研究院
9	浙江省台州农业机械技术创新服务平台	2009	台州市汇农农业机械技术开发公司,浙江理工大学,浙江大学台州研究院,台州市路桥区科技发展有限公司
10	浙江省诸暨珍珠产业技术创新服务平台	2009	诸暨博师珍珠业生产力促进中心有限公司,诸暨市山下湖镇集体资产经营公司,阮仕集团有限公司
11	浙江省嵊州领带产业技术创新服务平台	2009	浙江巴贝领带服饰设计研究有限公司,浙江理工大学,浙江大学,嵊州市产品质量监督检验所

续表

序号	平台名称	建设时间	共建单位
12	浙江省海盐标准件技术创新服务平台	2009	国家标准件产品质量监督检验中心、浙江海泰克标准件研发有限公司，浙江工业大学，嘉兴学院
13	浙江省嘉兴经编产业技术创新服务平台	2009	浙江海宁经编生产力促进中心，浙江理工大学，浙江中天纺检测有限公司，浙江万方新材料股份有限公司，海宁光大布业有限公司
14	浙江省衢州氟硅新材料科技创新服务平台	2009	浙江氟硅技术研究院，巨化集团公司，浙江中天氟硅材料有限公司，衢州学院，万向硅峰股份有限公司，浙江中宁硅业有限公司
15	浙江省宁波汽车电子技术创新服务平台	2009	宁波诺依克电子有限公司，武汉理工大学，宁波光大电子研究所，浙江联焊电器有限公司
16	浙江省宁波新型金属材料科技创新服务平台	2009	宁波市鄞州区科技开发中心，中国工程物理研究院技术转移中心，浙江大学宁波理工学院
17	浙江省慈溪家电产业技术创新服务平台	2009	慈溪市生产力促进中心，中国家用电器研究院华东分院，宁波市杭州湾自动化研究院，慈溪市三野智能家电研发服务中心，国家快速制造工程研究中心宁波制造中心
18	浙江省南浔木地板技术创新服务平台	2009	湖州南浔经济开发区生产力促进中心有限公司，浙江农林大学，浙江省木业产品质量检测中心南浔检测所
19	浙江省长兴绿色动力能源技术创新服务平台	2010	浙江长兴绿色动力能源科技有限公司，浙江大学，浙江工业大学，浙江天能电池有限公司，浙江超威电源有限公司，浙江昌盛电气有限公司，浙江振龙电源股份有限公司

续表

序号	平台名称	建设时间	共建单位
20	浙江省嘉善电声产业技术创新服务平台	2010	嘉善恩益迪电声技术服务有限公司，嘉善县科技创业服务有限公司，浙江中科电声研发中心，嘉善县生产力促进中心，浙江省电子电声产品质量检验中心
21	浙江省丽水食用菌技术创新服务平台	2010	庆元县食用菌科研中心，丽水市农科院，丽水市林科院
22	浙江省温州服装技术创新服务平台	2010	温州服装发展有限公司，温州职业技术学院，温州腾旭服饰有限公司，温州大学，温州市服装商会，温州市质量技术监督检测院
23	浙江省缙云带锯床和特色机械装备技术创新服务平台	2010	缙云县欣盛科技服务有限公司，杭州电子科技大学，浙江大学，缙云县产品质量监督检验所
24	浙江省平湖光机电技术创新服务平台	2010	浙江平湖市光机电科技服务有限公司，浙江清华长三角研究院先进制造技术研究所，浙江合波光学有限公司，浙江恒业电子有限公司
25	浙江省安吉椅业技术创新服务平台	2011	浙江安吉椅业科技有限公司，安吉科技创业园有限公司，安吉县质量技术监督检测中心，浙江大学永艺坐具工程创新中心，浙江工业大学化学工程与材料学院，杭州电子科技大学
26	温州轻工机械技术创新服务平台	2011	温州职业技术学院，浙江大学（龙湾）食品与制药装备技术转移中心，华中科技大学温州先进制造技术研究院
27	萧山家禽选育保护及产业化技术创新服务平台	2011	杭州萧山鸡（萧山鸡）有限公司，中国农科院家禽研究所

浙江省明确提出单个重点实验室、试验基地不作为行业和区域科技创新平台建设，同时强调平台建设要立足已有资源和已建重点企业研发机构、重点实验室和试验基地、科技企业孵化器、区域科技创新服务中心、科技中介机构等创新载体，开展联合组建，实行共建共享。此外，还强调平台必须承担面向社会提供优质优惠公共科技服务的义务；平台要主动设计和组织实施科技项目，但不得以科技项目来代替平台建设；平台要为部门监测和管理工作服务，但不得以部门的监测业务工作和管理工作网络建设等来代替科技创新平台建设。

4.3.3.3 平台的特点

（1）在建设目标上坚持需求导向

平台建设主要是根据全省经济社会发展对科技创新的需求，以及增强科技创新能力，完善区域创新体系的需要而确定，具有很强的针对性。

建设行业专业创新平台，是适应浙江打造先进制造业基地，大力提升制造业技术水平和产业层次的发展要求，培育发展现代农业、循环经济、现代服务业和改善民生等经济社会发展的重点领域，增强行业关键共性技术研发能力和服务中小企业技术创新的需要。

建设区域创新平台，是为促进浙江块状经济向产业集群转变，加强块状经济集聚区域内外优质创新资源，增强产学研协同创新攻关能力，加快技术转移速度，提高区域创新能力，增强区域竞争力而建设的。

"十二五"期间，根据现有平台建设的现状与经济转型升级的需求，把平台建设的重点放在进一步提升重大科技创新平台的创新能力与服务水平和围绕省级产业集聚区和块状经济转型升级示范区的建设上，建设一批区域创新平台。

（2）在参与主体上，强调产学研结合，形成创新服务链

浙江强调一个机构、一个单位不能称之为平台，平台建设必须要有产学研的结合。其中，高校和科研院所充分发挥自身资源优势，成为平台建设的主力军。同时，企业也在平台建设中发挥重要作用，逐步成为平台投入主体、应用主体和技术创新活动主体。一些科技型的企业甚至成为平台建设的牵头单位。例如，浙江汽车零部件产业科技创新服务平台就是由浙江博众汽车科技有限公司牵头建设的。

在平台建设过程中，大都按产业和企业技术创新需求，将产业化全程中相

关企业、高校、科研院所组合在一起，形成从科研开发、成果转化到产业化一条龙的创新链。目前，大部分平台都形成了专业技术研发、设计、试验检测、企业孵化、产品测试、推广应用、技术培训等完整的创新服务链。53家行业和区域创新平台已整合了全省绝大部分本科高等院校和有科研能力的科研院所；已有19家平台吸纳了具有国家、省市级的检验检测机构作为平台的共建单位。

平台共建单位之间也成了资源条件的合作共享机制，互相开放实验、测试仪器设备，提高了平台与共建单位的创新服务能力；定期学习交流，进一步增进了各共建单位的相互了解，开阔视野，促进了各方面的合作；通过设立平台工作站、分中心等形式，联合当地科技服务力量，把创新服务面拓展到全省特色产业集聚区，增强了科技与块状特色产业经济的紧密结合，发挥出创新平台对全省经济科技发展的支撑和引领作用。

（3）在组织模式上，建立平台的核心层、紧密层和服务层

浙江省要求行业和区域科技创新平台的构建一般包括核心层、紧密层和服务层3个层次。通常情况下，围绕某一产业或块状经济，由35家互补性强的优势资源单位共同发起，组成平台的核心层；逐步吸纳创新服务能力较强的合作单位形成平台的紧密层；稳定和发展一批企业用户形成平台的用户层。同时，还要求平台建立理事会（董事会）、专家咨询委员会、监督委员会、用户委员会等组织机构，实行理事会（董事会）领导下的主任负责制。理事会（董事会）主要由参建单位人员代表组成。

（4）在运行模式上，采取"实体组织"和"虚拟组织"两种方式

"实体组织"是指平台参建单位联合组建具有明晰的产权结构、参照企业方式经营运作的实体法人机构。具体包括3种类型：① 在民政部门登记的民办非营利企业法人单位。例如，"浙江现代纺织技术及装备创新服务平台"采取实体组织、企业化经营的建设模式，其中，绍兴轻纺科技中心占50%的股份、浙江理工大学占30%的股份、浙江大学占20%的股份联合成立的"浙江省现代纺织研究院"，负责平台的建设和运行。平台定位于非营利组织，所得收益不分红，全部投入平台的建设，用于自身的发展。② 经人事部门批准的事业单位。例如，由浙江省机构编制委员会批复成立的"浙江省海洋开发研究院"牵头负责"海洋科技创新服务平台"运行。③ 在工商部门注册的企业法

人。例如,"浙江博众汽车科技有限公司"牵头负责"浙江汽车及零部件产业科技创新服务平台"的运行。目前,有 13 家平台采取企业法人形式运行,3 家平台采取事业法人形式运行。13 家采取企业法人形式运行的平台中,牵头单位为高校和科研院所的有 2 家、牵头单位为企业的有 8 家、牵头单位为科技中介(生产力促进中心)的有 3 家。实体组织是高度市场化的模式,具有较强的自我发展能力,但是相对而言平台的开放性略显不足。

"虚拟组织"指平台参建单位没有成立实体机构,而是大多形成了理事会决策、秘书处执行的服务联盟。例如,由浙江工业大学、浙江省医科院、浙江中医药大学、浙江大学和省食品药品检验所共同建设的"新药创制科技服务平台",主要通过理事会形式组成平台的核心层和紧密层,从各自单位抽调人员组建平台管理办公室,专门负责平台的日常管理工作。虚拟组织的优势在于成员单位能保留自己的核心专长及相应功能,又能发挥其在平台中的作用,有利于不断吸纳优势资源单位,充分反映参建各方的利益诉求。大部分科研院所、高校牵头的平台都采取这种运作方式。全省有 35 家平台采取了这种运作方式。

4.3.3.4 平台的管理和支持模式

(1)在工作设计和整体推进方面

① 坚持试点先行,以点带面。2004 年年底,在组织开展科技文献等科技基础条件平台建设的同时,探索启动了"省新药创制科技服务平台"和"省集成电路设计公共技术平台"两个行业和区域创新平台试点。在总结试点经验的基础上,2006 年年底,又进一步启动了"浙江现代纺织技术及装备创新服务平台"等 13 个重大科技创新平台建设,推动技术创新服务平台进入了全面建设阶段。

② 重视顶层设计和制度建设。早在 2006 年,浙江省就积极出台了《浙江省公共科技条件平台建设纲要》,强调要面向省支柱产业和重点高新技术产业、重点区域块状经济的技术创新需求,积极开展行业和区域科技创新平台建设。同期,也出台了《浙江省省级行业和区域创新平台建设与管理试行办法》,提出产业布局的相关标准、平台建设的门槛条件和组织实施流程等。明确提出行业和区域创新平台要具备集聚创新资源、设计创新课题、组织联合攻关、提供技术服务、实施成果转化、开展人员培训、传播科技信息的基本功能。

(2) 平台的组织管理方面

① 狠抓"五个落实",加强对平台建设和运行的监督管理。政府不直接介入平台内部的管理运行,而是以项目形式支持技术创新服务平台建设,建设期一般2~3年。建设期满后,对通过验收的平台给予授牌并进入运行阶段。建设和运行期间,政府重点抓"五个落实"。一是抓组织落实,推动平台建立健全理事会、专家委员会、监督委员会等的组织机构。二是抓制度落实,推动平台建立和完善规章制度体系,确保平台建设运行有章可循。三是抓资金落实,保证平台落实配套政策、资金足额到位。四是抓服务落实,保障平台充分发挥服务功能。五是抓项目落实,通过科研项目提高平台自身创新能力和服务水平。此外,对于已授牌的平台,政府还积极组织开展相互交流、绩效考核和定期评估等活动,促进平台的健康发展和长效运行。

② 注重平台建设与基地建设、科技计划和部门工作的分工衔接。强调单个重点实验室、试验基地不作为行业和区域创新平台建设,强调平台不等同于单个基地,平台建设中要充分依托重点企业研发机构、重点实验室和试验基地、科技企业孵化器、区域科技创新服务中心、科技中介机构等"六个一批"创新载体,促进联合组建,实行共建共享。强调平台要主动设计和组织实施科技项目,但不得以科技项目来代替平台建设。平台要为部门监测和管理工作服务,但不得以部门的监测业务工作和管理工作网络建设等来代替科技创新平台建设。

(3) 在平台的投入支持方面

① 以项目形式支持行业和区域科技创新平台的建设,建设期间,政府重点推动平台建立健全组织机构,制定和完善规章制度体系,加强资源整合,提升服务能力,搭建服务体系。建设期满,正式进入运行阶段后,政府重点组织平台开展专题服务充分发挥服务潜能,通过科研项目支持提高平台自身创新能力和服务水平,同时组织平台开展相互交流、绩效考核和定期评估,促进平台健康发展和长效运行。

② 创新财政支持方式,形成多元化投入模式。浙江省、市、县各级政府多层次多渠道筹措建设运行经费,同时确保每年安排经费支持行业和区域科技创新平台建设。省财政用于行业和区域科技创新平台建设的投入约5亿元,带动市县和企业投入超过30亿元,省财政拨款、地方配套、自筹经费比例约为

1∶1∶3。其中，省财政经费主要支持与提高平台整体创新服务水平有关的关键仪器设备、软件等研制、购置的经费补助，补助额度一般不超过新增仪器设备总价的50%和新增投资总额的10%。省财政经费补助的仪器设备使用权属平台建设承担单位，并统一纳入省大型科学仪器设备协作共用平台管理，对外开放服务。一旦停止公共服务或不能按合同提供有效服务，省科技厅有权收回仪器设备，转供其他单位使用。平台运行经费主要通过承担各类科技项目和提供技术服务获得。

5 我国科技资源共享存在的问题与政策建议

5.1 我国科技资源共享存在的主要问题

随着国民经济的发展,国家通过科技计划等手段对科技研发的投入不断加大。据统计,2010年全国研究与试验发展(R&D)经费达7062.6亿元,比前一年增长21.7%;2011年达到8610亿元,增幅为21.9%。国家科技研发投入形成的很多创新基地没有对外开放,科学仪器设备呈闲置状态、利用率低,很多科研项目形成的科技信息和数据、研究实验报告、科研成果、实验动物、种质资源等处于分散、搁置甚至流失状态。

5.1.1 科技资源共享总体上缺乏法律法规和政策环境保障

《中华人民共和国科学技术进步法》仅对科技资源开放共享做出原则性规定,具体来说哪些资源能够共享,哪些涉及安全、保密、知识产权的不能共享,科技资源管理单位是不好把握的,有关管理部门也不好给出明确的指令,这样在实践中就会出现执行困难。国家和地方已有的科技资源共享类规定等办法的效力等级较低,地方对科技资源开放共享的实践认识还不深刻,已有的相关条例、规定内容简单,缺乏可操作性。全国人大教科文卫委员会对我国科技资源共享问题进行了专题调研,十分鲜明地指出:"立法上的落后,已经成为阻碍科技资源共享的重要因素。"

目前,我国规范和激励科技资源开放共享的政策制度尚不健全,对于创新基地科技资源的开放共享还形成一套有效的、成体系的机制、制度及政策措施,相关部门出台了推动科研机构、大学、科研基地、国家重点实验室、科研基础设施等向社会开放的若干意见,但仅限于"指导意见",缺乏相应的实施措施和激励机制。科技资源共享专门政策制度的缺乏,已在很大程度上影响了科技资源共享工作的有序管理和可持续发展,促进科技资源共享的各项举措缺乏法律依据和制度保障。

5.1.2 科技资源配置未能与创新需求有效衔接

市场能够敏锐地把握社会需求,将创新和社会需求有效结合,支撑和引领经济可持续发展。企业是市场竞争的主体。作为以产品和服务创新满足社会创新需求的市场微观主体,利益最大化驱动的竞争使企业不断跟踪、把握需求的变化,不断满足变化的需要,引领变化的需要。创新链是指围绕某一个创新的核心主体,以满足市场需求为导向,通过知识创新活动将相关的创新参与主体连接起来,以实现知识的经济化过程与创新系统优化目标的功能链节结构模式。创新价值链可分为要素整合、研发创造、商品化、社会效用化4个环节。要素整合这一环节主要是培养、调动及整合人员、资金、设备、信息和知识储备等各创新要素,形成成套的科研力量乃至体系。

目前,我国科技资源配置及开放共享围绕企业的需求设计不足,未真正发挥市场优化科技资源配置的作用,围绕需求主动设计不够、围绕创新链条的环节设计不够,科技资源难以按照创新链条和产业化规律得到系统配置。

5.1.3 各类科技资源载体缺乏有效的统筹

目前,我国各类科技资源载体的建设存在分别建设、分散管理的格局,使得优质科技资源的开放共享在整体上缺乏系统设计和统一规划。创新基地与科技平台在不同部门、不同区域、不同行业进行建设,管理方与宏观统筹等方面存在的问题,二者之间的衔接不够紧密,难以形成集约效应,大量创新基地内的科技资源未能与科技平台对接并实现开放共享。创新基地内部开放共享也缺乏有效的统筹协调,如基础研究及应用研究领域,各部门均建有自己的重点实验室;工程技术领域,有国家工程技术研究中心、国家工程研究中心、国家工程实验室等。多个部门分头建设同一类型的创新基地,使得有限的科技资源被

5 我国科技资源共享存在的问题与政策建议

分散,一些创新基地应有的公益性、公共性发生漂移,公共科技能力下降,资源配置效率不高。

5.1.4 科技资源开放共享管理机制尚不完善

科技资源载体微观层面,有利于科技资源开放共享的激励、约束机制仍不完善。共享与保密的界定、知识产权保护问题尚未完全解决;推进科技资源共享服务市场化的具体措施和管理要求尚无明确规定;资源共享激励动力机制等制约科技资源共享的瓶颈性问题目前仍未真正解决;创新基地与科技平台资源开放共享积极性不高。高效的科技资源开发共享人才队伍激励机制尚未建立。

5.2 我国促进科技资源共享的政策制度分析

5.2.1 国家及地方已出台的法律法规、政策制度和规范性文件

提高科技资源开放共享管理水平,政策制度建设是关键。当前,国家及地方从法律法规、政策制度、规范性文件等方面出台了一系列文件。据不完全统计,与科技资源共享相关的政策、法律、法规、部门规章及制度也已经陆续出台,截至 2014 年 10 月,仍在全国发生效力的政策法规就有 122 项。其中,政策 11 项,国家法律 15 项,行政法规 12 项,部门联合规章 12 项,部门规章 72 项。地方配套政策法规 126 项。从国家及部门地方出台的科技资源开放共享相关政策措施可以看出,目前很多科技资源开放共享方面的政策制度存在过期、未及时更新的情况,一些部委出台的政策一般根据自身的需求提出,对全国相关行业、部门的统筹协调能力不够,一些政策无法落实。地方层面也出台了很多文件,但很多与实际科技资源的发展状况不配套,国家与地方、地方与地方、地方内部政策一致性、统筹协调性不足。科技资源共享相关政策法规情况统计,如表 5.1 所示。

表 5.1　与科技资源共享相关政策法规统计（按层次效力）

编号	文件类别	发布层次	效力级别	数量/项
1	政策	中共中央、国务院	全国	11
2	法律	全国人大	全国	15
3	行政法规	国务院	全国	12
4	部门联合规章	若干部门联合	对相关部门内部有效	12
5	部门规章	国务院各部门	在本部门内有效	72
6	地方法规	地方人大	在当地有效	10
7	地方政策	地方	在当地有效	126
合计	—	—	—	258

（1）国家及部门层面

国家层面出台的很多宏观综合性法规和政策制度对科技资源开放共享做出了相关规定，这包括《中华人民共和国科学技术进步法》《国家中长期科学和技术发展规划纲要（2006—2020 年）》《国家"十二五"科学技术发展规划》等。另外，一些部门根据科技资源类型的情况出台了一些政策措施，如表 5.2 所示。

表 5.2　国家出台的科技资源开放共享相关政策制度

序号	名称	实施（发布）时间	发布部门
1	《中华人民共和国科技进步法》（新修订）	2006 年 2 月 7 日	全国人大
2	《国家中长期科学和技术发展规划纲要（2006—2020 年）》	2006 年 2 月 7 日	国务院
3	《国家"十二五"科学和技术发展规划》	2011 年 7 月 13 日	科技部
4	《中华人民共和国促进科技成果转化法》	1996 年 10 月 1 日	全国人大

新修订的《科技进步法》于 2008 年 7 月 1 日起施行，明确了公开和共享的科技资源的范围，规定了推进科技资源共享的方式和渠道；明确了政府在推进科技资源共享中的职责，即建立科技资源信息系统。实现信息公开，对大型科学仪器设备购置实行统筹规划和联合评议，构建了科技资源共享制度的法律基础。

《国家中长期科学和技术发展规划纲要（2006—2020 年）》是当前推进科

技工作的总体行动纲领，列出专门章节阐述科技基础条件平台建设工作，进一步明确了"整合、共享、完善、提高"的科技平台工作原则，指出"建立有效的共享制度和机制是科技基础条件平台建设取得成效的关键和前提"，并要求"借鉴国外成功经验，制定各类科技资源的标准规范，建立促进科技资源共享的政策法规体系"。

《国家"十二五"科学和技术发展规划》将平台建设作为本规划的重要内容，明确"科技创新基地和平台是支撑科技进步和创新的重要物质基础"，强调"建立健全平台运行服务的评价体系、管理模式和支持方式"，以及"建立国家科技平台认定、绩效考核评估和以奖代补制度，推动平台运行服务"等内容。

《中华人民共和国促进科技成果转化法》对科技成果的共享转化进行了详细规定。第17条规定，依法设立的从事技术交易的场所或者机构，可以进行下列推动科技成果转化的活动：① 介绍和推荐先进、成熟、实用的科技成果；② 提供科技成果转化需要的经济信息、技术信息、环境信息和其他有关信息；③ 进行技术贸易活动；④ 为科技成果转化提供其他咨询服务。

另外，中国气象局于2001年11月12日发布《气象资料共享管理办法》对气象数据共享的方式、使用、法则等进行了说明，规定各级气象主管机构负责共享气象资料提供工作的单位，应当免费向从事气象工作的机构、事业单位开展的公益服务、非营利性科研和教育机构从事的非商业性活动提供所需的气象资料。

国家植物种质资源共享的政策法规工作较为系统。制定和颁布了《中华人民共和国种子法》《农作物种质资源管理办法》《中华人民共和国野生植物保护条例》《国家重点保护野生植物名录》《农业野生植物保护办法》等法律法规，对植物种质资源的收集、整理、鉴定、登记、保存、交流、共享和利用等各项工作进行了规范。同时，制定了国家种质库（圃）管理细则，建立了植物种质资源统一编号制度和优异种质资源评审、登记制度，建立了植物种质资源分发利用制度等，构建了较完善的植物种质资源共享法律法规和制度体系，为我国植物种质资源的有效管理和高效利用奠定了基础。

（2）地方层面

与国家层面的立法情况相比，地方科技主管部门及地方政府、地方人大的立法工作和政策制定工作则走在了前面。自"十一五"国家科技基础条件平台建设实施意见发布以来,地方政府也出台了许多配套的政策法规。仅以各省为样本进行的调查统计,地方出台的配套政策法规就有136项之多。其中,地方行政法规(以下简称地方法规)10项、地方配套政策126项。此外,许多科技资源管理单位也出台了许多配套制度。本报告仅列出了中科院、中国气象局等单位出台的制度59项。据不完全统计,自1988年以来,地方人大出台的关于科技资源共享的地方性法规有11部,如表5.3所示。

表5.3 与科技资源共享相关的地方法规

编号	名称	发布日期	发布部门
1	《北京实验动物管理条例》	2004年12月2日	北京市人大
2	《上海市促进大型科学仪器设施共享的规定》	2007年11月1日	上海市人大
3	《湖北省实验动物管理条例》	2005年7月29日	湖北省人大
4	《重庆市科学技术投入条例》	1998年3月28日	重庆市人大
5	《郑州市科学技术投入条例》	1997年9月28日	郑州市人大
6	《太原市科学技术经费投入和管理条例》	1996年12月3日	太原市人大
7	《南昌市科学技术投入条例》	2001年1月1日	南昌市人大
8	《广州市科学技术经费投入与管理条例》	1998年1月8日	广州市人大
9	《安徽省技术市场管理条例》(修订)	2004年6月26日	安徽省人大
10	《黑龙江省实验动物管理条例》	2008年10月17日	黑龙江省人大
11	《太原市科技资源开放共享条例》	2010年11月26日	山西省人大

在我国尚没有关于大型仪器共享行政法规的情况下,上海市已经在地方人大层面通过了《上海市促进大型科学仪器设施共享的规定》,成为我国第一部有关大型仪器共享的地方法规。作为全国首部促进科技创新资源共享的地方性法规,这部上海市人大常委会制定的法规,在促进大型科学仪器设施的共享、提高科技资源使用效率、增强科技创新能力等方面发挥了积极的作用。据统计实施2周年内,上海市节省购买大型仪器支出共计超过1亿元。

《太原市科技资源开放共享条例》于2010年8月27日在太原市人大常委会通过,2010年11月26日山西省人大常委会批准,自2011年1月1日起施行。《条例》共19条,内容主要包括目的和依据、科技资源开放共享的

5 我国科技资源共享存在的问题与政策建议

基本内涵和总体要求、方式及途径、政府部门的管理职责、科技资源拥有者和使用者的权利与义务、鼓励与扶持措施等。《条例》是全国第一个对研究试验基地、大型科学仪器设备、自然科技资源、科学数据、科技文献及公益类科技成果等各类型科技资源开放共享做出全面规定的地方性法规，打破了阻碍太原市科技资源开放共享的利益壁垒。它的制定和实施对于提高太原市科技资源使用效率，降低科技创新成本，增强自主创新能力具有积极的现实意义。

浙江、上海、广东、安徽等省市积极出台相关政策文件，将技术创新服务平台作为政府工作的一项重要内容，明确技术创新服务平台建设是科技创新基础能力建设的重要组成部分。例如，浙江省委、省政府就提出"政府扶持平台、平台服务企业、企业自主创新，创新推动升级"的总体思路。很多地方采取科技、财政、发展改革委等多部门联合的方式，加强对地方技术创新服务平台的指导，共同推进技术创新服务平台工作。通过设立专项资金等手段，将地方技术创新服务平台作为提升政府公共服务能力的有效抓手和促进区域创新创业的重要载体。

5.2.2 国家科技计划管理办法中资源汇交和开放共享的具体规定

目前，国家重点实验室、工程中心等创新基地的相关管理办法都对相关科技资源的开放共享做了规定，同时国家针对推进科技资源开放共享出台了一系列有针对性的政策制度，国家科技计划的管理规定中也明确了有关资源汇交和开放共享的具体规定。2010年7月，科技部党组发布了《关于深化国家科技计划管理改革的意见》及《实施方案》，明确要求加强重大科技创新基地建设，对大型科学仪器设备、自然科技资源、科学数据、科技图书文献等国家科技基础条件平台和技术创新服务平台、野外观测台站、国家分析测试中心、国家实验动物种质中心等科技基础资源类基地要以加大支持和整合力度、推进开放共享为重点。加强国家科技计划实施形成科技资源的加工管理和开放共享（表5.4）。

表 5.4　各类创新基地和科技计划相关的政策制度

编号	名称	发布日期	发布部门
1	《关于科研机构和大学向社会开放开展科普活动的若干意见》	2006 年 11 月	科技部、中宣部、发展改革委、教育部、财政部等
2	《国家重点实验室建设与运行管理办法》	2008 年 8 月 29 日	科技部、财政部
3	《国家工程技术研究中心暂行管理办法》	1993 年 2 月 4 日	国家科委
4	《关于进一步推动科研基地和科研基础设施向企业及社会开放的若干意见》	2006 年 12 月	科技部
5	《国家重点基础研究发展计划（973 计划）管理办法》	2011 年 11 月 21 日	科技部
6	《国家高技术研究发展计划（863 计划）管理办法》	2006 年 7 月 31 日	科技部、总装备部、财政部
7	《国家科技支撑计划管理办法》（修订版）	2011 年 9 月 2 日	科技部、财政部
8	《国家科技重大专项管理暂行规定》	2008 年 8 月 11 日	科技部、发展改革委、财政部
9	《2004—2010 年国家科技基础条件平台建设纲要》	2004 年 7 月 3 日	国务院办公厅转发
10	《"十一五"国家科技基础条件平台建设实施意见》	2005 年 7 月 18 日	科技部、发展改革委、教育部、财政部
11	《国家重点基础研究发展计划资源环境领域项目数据汇交暂行办法》	2008 年 3 月	科技部

5.2.3 建立了基于绩效考核的平台运行服务后补助制度

(1) 国家级创新基地

创新基地大多专业性较强,具有很强的对外提供专业化服务的能力,主要承担创新链中某一环节的创新(或支撑服务)活动,如研究开发、实验观测、中试、推广示范、产业化及创新服务等,服务范围从本地(如孵化器)、到区域(如技术转移中心)再到全国(如国家重点实验室)。自身具备较强创新能力的组织,如研究开发和工程化基地,将科研活动、学科建设和团队发展相结合,承担国家重大科技任务的开放式创新基地,原始创新能力突出。如国家重点实验室已成为我国组织开展高水平基础研究和前沿技术研究的重要创新基地。据统计,2009 年,国家重点实验室承担国家级课题 9252 项,总经费 42.7 亿元;获得国家级奖励 66 项,其中,国家自然科学二等奖 19 项(占国家授奖的 55%),国家科技进步特等奖 1 项、一等奖 2 项、二等奖 33 项;获得国内授权发明专利 255 件,获得国外授权发明专利 37 件;发表学术论文 34 051 篇,其中被 SCI 收录的有 19 704 篇,被 EI 收录的有 5101 篇。创新基地中还有相当大的一部分是为科研和产业发展提供创新服务或创新条件的组织,如成果推广示范基地、产业化基地等,这类创新基地拥有着科技成果转化、产业推广等科技转化为生产力的优势资源。很多创新基地如国家重点实验室等出台了一些科技资源开放共享的办法,对外开放共享力度不断加大,从已建成的 10 个国家大型科学仪器中心和分析测试中心运行情况来看,核心仪器年运行有效机时均超过 2000 小时,有的超过 6000 小时,并且对共建单位以外的共享机时大部分超过 40%,共建共享意识从被动到主动,逐步深入人心。

但创新基地之间相对封闭发展,各类创新基地之间缺乏有效衔接,知识流动、人员流动和成果转化不足,科研基础设施及国家财政支持的科技计划项目形成的各类科技资源具有很大的开放共享空间。如国家重点实验室的流动人员的比例在 25% 左右,且主要是在读研究生,面向外单位的客座研究岗位较少,流动人员中国外人员不到 15%。同时,创新基地科技成果转化能力较弱,政府引导设立了很多科技企业孵化器、生产力促进中心和产业化示范基地,制定了多种专项资金和财税优惠政策以促进科技成果转化和高新技术产业发展,但是产业创新能力薄弱的问题并没有得以根本解决。

(2) 国家科技基础条件平台

2011年7月29日,科技部、财政部联合发布了《关于开展国家科技基础条件平台认定和绩效考核工作的通知》,同时面向全社会公开发布了国家科技平台认定指标和绩效考核指标。制定国家科技平台认定和绩效考核指标,是明确国家科技平台门槛条件、推动建立国家科技平台体系、深化科技资源共享服务的重要前提。两个指标的发布,是在"十二五"开局之年推进平台工作的一项重要举措,是新时期平台建设与管理方式的重大变革,标志着平台工作从平台建设向深化运行服务转变,体现平台工作以着力提高平台的服务质量和效率为重点,进一步提升对科技、经济和社会发展的支撑能力。同时,两个指标的发布,对进一步加强对全国科技平台建设的指导、深化科技资源共享、推进科技平台运行服务具有重要意义。按照国家科技平台认定和绩效考核工作的要求,首先在平台建设专项支持的,并通过2009年科技部、财政部开放共享评议的25家平台中进行。建立基于绩效考核的平台运行服务后补助制度,将有效调动平台开展共享服务的积极性和主动性。前期,按照部计划司要求,平台中心针对参加首批国家科技平台认定的25个平台,开展了2010年度平台运行服务经费调研,详细了解各平台运行服务实际支出情况,在此基础上,认真分析不同类型平台运行服务支出特点,按照"分类分等、突出服务、兼顾成本"的原则,会同计划司研究提出了《国家科技平台运行服务后补助工作方案》,在部计划司和财政部教科文司进一步讨论的基础上,确定2011年平台运行服务后补助工作方式。

5.2.4 现有的政策制度分析

政策制度建设是提高科技资源开放共享水平的关键,国家高度重视,当前已经制定了一系列法律法规、政策制度、规范性文件等,为推进科技资源共享提供了一定的政策依据和保障。地方出台的政策法规的突出特点是以产业为切入点,面向企业的共性需求开展建设。一方面,各地方围绕本地支柱产业和特色产业集群的发展,开展科技平台的顶层设计和统筹布局。如浙江省科技平台强调面向省支柱产业和重点高新技术产业、重点区域块状经济的需求开展设

5 我国科技资源共享存在的问题与政策建议

计；广东省科技平台重点结合专业镇进行布局；上海市科技平台围绕生物医药、信息等九大产业的发展进行组织实施。另一方面，地方科技平台大都瞄准企业技术创新过程中的共性问题和技术创新链上的薄弱环节，确立平台建设目标和重点任务。

但面临新的形势和发展需求，还存在一些问题。

一是有针对性的关于科技资源开放共享的制度政策缺位。虽然《中华人民共和国科学技术进步法》《中华人民共和国促进科技成果转化法》对相关方面作了立法规定，但只是"点到为止"，缺乏具体的操作措施和约束机制。因此，从科技资源共享工作性质和工作难度上来看，亟须专门性、权威性、可操作性强、约束力强的专门性法律法规，对科技资源共享进行强制性要求，明确"共享是无条件的、不共享是有条件的"，逐步打破部门利益、单位利益和个人利益的影响，逐渐营造科技资源开放共享的文化理念。

二是现有政策制度未能有效落实。一方面是法律法规缺乏配套。政策法律法规一般比较宏观，而实施办法或细则却迟迟没有制定出台，实际操作中没有明确依据，制约了政策法律法规的效力发挥。如关于责任追究、对违法行为的惩处、反映问题的受理等方面，经常出现"按有关规定处理""由有关部门处理"等条文，到底哪个部门是有关部门，什么规定是有关规定，没有明确指出，也没有办法切实执行。另一方面是由于科技资源本身分布在科技、教育、农业、环境等各个部门、领域和单位，科技部、发展改革委、教育部等相关部委都管理着许多科技资源，出台修订了类似的法规、政策或部门规章，由于缺乏有效的统筹协调，在一定程度上造成了"政出多门"。科技资源共享涉及部门、单位和具体人员的切身利益，仍存在动力不足、积极性不高等因素，造成很多出台的政策制度无法有效落实。

三是急需制定《国家科技资源共享条例》对科技资源共享统一做出规范。我国与科技资源建设、保护、管理与共享方面相关的法律法规较多，除《科学技术进步法》外，如《促进科技成果转化法》《科学技术普及法》《专利法》《测绘法》《政府采购法》《气象法》《种子法》等法律，《政府信息公开条例》《野生植物保护条例》《实验动物管理条例》《人类遗传资源管理暂行办法》《地质资料管理条例》《测绘成果管理条例》《病原微生物实验室生物安全管理条例》等条例一些条款，均与科技资源共享直接或间接相关。但这些法律法规太过分散,并且可操作性差,需要由国务院制定《国家科技资源共享条例》,统一做出规范。

5.3 通过强化公共服务进一步推进科技资源共享的措施建议

科技资源共享是一个复杂的系统工程,从不同的角度都可以分析出不同的推进措施。政府是提供公共产品和公共服务的主要供给者。在转变政府职能、建设服务型政府和科技体制改革的宏观背景下,从强化公共服务的维度分析进一步推进科技资源共享的措施,是一个比较适宜的切入点。基于上述理论和事件分析,考虑我国科技资源共享工作的现状基础,建议政府下一步着重开展如下几个方面的工作。

(1) 加强从公共服务角度对政府在科技资源共享过程中职责定位的梳理

以支撑科技进步、经济社会发展为目标,围绕新增科技资源配置和已有科技资源的高效利用,梳理政府在科技资源共享工作中应提供的公共服务范围,分析政府及各类机构在开展科技资源共享公共服务中的定位和责权关系,为政府推进科技资源共享提供坚实的理论依据。在此基础上,适时出台相应的政策文件,明确政府在推进科技资源共享重点提供的公共服务类型和内容,积极构建科技资源共享公共服务体系。

(2) 培育和壮大信息门户系统、共享服务平台及专业服务机构等开展科技资源共享工作的重要载体

信息畅通是推动科技资源共享的有效途径。应抓好信息门户系统的龙头作用,加强网络建设,注重对科技资源信息的采集、汇交、深加工和信息产品开发,实现科技信息的广泛共享,通过信息共享带动实物共享。深化科技平台建设,面向科技进步、企业创新和区域发展,进一步加强科技基础条件平台建设,推进企业技术创新服务平台和区域科技公共服务平台建设,形成一批面向特定的对象、整合相关的科技资源、开展高水平公共服务的自组织系统。引导各类服务机构积极加盟已建平台和信息门户系统,形成信息门户系统、共享服务平台及各类专业服务机构协同推进科技资源共享的组织体系,推进全社会科技的开放共享。

5 我国科技资源共享存在的问题与政策建议

（3）基于需求和资源现状，积极推出科技资源共享公共产品和公共服务目录

在政府提供各类型科技公共服务的整体框架下，加强对科技进步、企业创新和区域发展中各类创新主体需求的征集，开展科技资源存量分布、现有机构服务能力和服务市场环境的摸底。在此基础上，联合行业协会、专业研究机构等单位，分行业、分领域的研究在科技资源共享过程中，政府应重点提供的公共产品和公共服务目录，同时定期发布，并开展周期性的调整。明确政府在相关行业领域服务的重点，凝练公共服务的项目，引导专业的社会机构承担公共产品和服务生产和供给。

（4）积极引入科技资源公共服务供给的市场机制，探索政府采购公共服务等政府对于科技资源共享适宜的支持方式

改变科技资源共享公共服务供给相对集中于政府和已有平台等模式，引进市场机制，扶持一批开展科技资源共享公共服务的社会化、民营化的机构。深入分析合同外包、补助、凭单等支持方式的特点，在科技资源共享的不同领域、不同阶段和不同对象，采取相适应的支持方式；注重多种支持方式相互之间的协同配合采取多样性的，注重中央、地方财政在支持科技公共服务方面的分工与协作，将财政资金的使用效益发挥到最大化。

（5）从人才培养、政策制定等方面营造实施科技资源共享公共服务的良好环境

加大科技资源共享服务人才队伍建设力度，培育、形成一支科技资源共享管理与技术人才队伍。推进科技资源共享平台及服务机构专业技术人员职称评定等政策的完善，分类研究科技资源服务的从业资质认证，开展大型仪器操作师、数据分析师等的岗位能力评估，建立科技平台后备队伍，拓展其职业发展空间。建立符合科技资源共享工作特点的人员绩效评价标准，完善共享服务人才保障和激励制度。推进政府采购科技资源共享公共服务政策法规的制定，在政府采购法律法规的制、修订中，进一步增补采购科技资源共享公共服务的内容，积极出台细化落实的具体规章制度。加强对政府采购科技资源共享公共服务的过程管理、监督、考核与绩效评估，使科技资源开放共享更好地服务科技创新、产业创新和经济社会发展。

参考文献

［1］仲伟俊，梅姝娥，黄超．国家创新体系与科技公共服务［M］．北京：科学出版社，2013：176-202.

［2］张耘，陆小成．北京市科技公共服务体系建设：现状、问题与对策［J］．城市观察，2013（5）：79-89.

［3］马庆钰．公共服务的几个基本理论问题［J］．中共中央党校学报，2005，9（1）：58-64.

［4］中国政府采购采编部．公共服务文献综述之梳理［J］．中国政府采购，2004，4（119）：26-27.

［5］姜异康，袁曙宏，韩康，等．国外公共服务体系建设与我国建设服务型政府［J］．中国行政管理，2011（2）：7-13.

［6］李栋．基于Shapley值的科技资源共享收益分配机制［D］．重庆：重庆大学经济与工商管理学院，2011.

［7］陈聪．基于公共物品理论的政府信息资源共享研究［D］．湘潭：湘潭大学，2006.

［8］杨晓燕．基于公共物品性质的我国科技创新能力经济学分析［J］．商业时代，2011（18）：17-18.

［9］蔡瑞林，郝福锦，吴敏．基于社会资本的科技资源共享研究［J］．企业经济，2012（8）：141-144.

［10］吴家喜．近十年国内科技资源共享研究进展与述评［J］．科技与经济，2012，2（146）：1-5.

［11］郑庆昌，张丽萍，谭文华，等．科技条件平台共享机制内涵与构成探究［J］．科学学与科学技术管理，2009（2）：10-13.

［12］杨占武．科技创新中的政府采购政策问题［J］．宁夏社会科学，2006（5）：36-37.

［13］赵伟，赵奎涛，王运红，等．科技信息资源共享与服务的价值传递分析［J］．科技进步与对策，2009，26（15）：9-11.

［14］郑长江，谢富纪．科技资源共享的成本收益分析［J］．科学管理研究，2009，27（5）：33－38．

［15］郑长江，谢富纪，傅为忠．科技资源共享的效益提升路径设计［J］．科技进步与对策，2010，27（15）：7－10．

［16］葛慧丽．科技资源共享活动中的政府作用研究［J］．科技管理研究，2010（24）：14－16．

［17］刘润达．科技资源共享及其关键问题分析：基于利益驱动的视角［J］．情报杂志，2014，33（1）：173－177．

［18］董诚，侯敏．科技资源共享价值最大化的三层次模型（VAA）［J］．科技管理研究，2013（11）：231－234．

［19］孙凯．科技资源共享可行性分析及对策建议［J］．西北大学学报，2005，35（3）：109－112．

［20］李莎．科技资源共享平台的几个关键问题探讨［J］．重庆科技学院院报，2013（5）：62－68．

［21］谭志刚，陈灵通，黄方．科技资源共享市场化运营的可行性研究［J］．科技创新导报，2014（14）：228－229．

［22］陈娟．科技资源共享系统自组织运行机制研究［D］．哈尔滨：哈尔滨工程大学，2011．

［23］张渝英，董诚，王运红．科技资源共享研究框架体系的探讨［J］．现代科学仪器，2007（5）：3－9．

［24］董诚．科技资源共享中的价值研究［J］．科技管理研究，2009（1）：268－270．

［25］吴家喜．科技资源开放共享服务体系理论框架分析［J］．中国科技资源导刊，2011，43（6）：1－6．

［26］侯立珍，张亚莉．利益相关者视角下的科技资源共享风险分析与对策研究［J］．科技管理研究，2012（5）：34－37．

［27］吴家喜，李春景，邢小强．领先市场导向的科技资源配置方式［J］．中国科技论坛，2010（9）：11－15．

［28］于兆波，王晓帅．论《物权法》对科技资源共享立法的影响［J］．中国科技论坛，2011（4）：20－24．

［29］王蓉，楼俊林．论中国科技资源共享的社会化公共服务创新模式的规约法规框架［J］．中国发展，2009，9（2）：28－34．

［30］吴长旻．浅析科技资源共享［J］．科技管理研究，2007（1）：49－51．

［31］李泱泱．区域创新中科技资源有效共享的实现路径研究：以重庆市科技资源共享为

例［D］．重庆：重庆大学公共管理学院，2013．

［32］刘玉生．试论科技创新的内在动力与财政支持［J］．学术探索，2006（2）：25－26．

［33］刘蕾，鲍竹．试论科技创新资源共享公共服务平台的构建［J］．市场周刊，2006（2）：105－106．

［34］文秋林，黄勇聪．我国财政支持科技型企业创新发展的对策探讨［J］．今日中国论坛，2013（12）：37－39．

［35］张霞．我国科技资源共享的问题和对策［D］．厦门：厦门大学，2008．

［36］张铁男，陈娟．我国科技资源共享的制约因素及解决对策［J］．学术交流，2010（7）：131－134．

［37］孔德洋．我国科技资源共享问题［J］．中国科技资源导刊，2008，11（6）：51－56．

［38］吴家喜．我国科技资源开放共享公共服务体系的构建［J］．社会科学家，2011（12）：126－129．

［39］陈越．我国政府信息资源共享研究［D］．大连：大连海事大学，2012．

［40］沈赤．现代经济理论视角下的科技资源优化配置分析［J］．学术交流，2009（5）：78－82．

［41］骆正清，苏成伟．政府购买共性技术研发机构服务选择方法研究［J］．科技进步与对策，2013，30（14）：21－24．

［42］董诚，陈家昌，李维．政府在科技资源共享中的作用［J］．科技管理研究，2008（7）：74－76．